分析化学
実技シリーズ

機器分析編●6

(公社)日本分析化学会【編】
編集委員／委員長　原口紘炁／石田英之・大谷 肇・鈴木孝治・関 宏子・渡會 仁

河合　潤【著】

蛍光X線分析

共立出版

「分析化学実技シリーズ」編集委員会

編集委員長 原口紘炁　名古屋大学名誉教授・理学博士
編集委員 　石田英之　大阪大学特任教授・工学博士
　　　　　　　大谷　肇　名古屋工業大学教授・工学博士
　　　　　　　鈴木孝治　慶應義塾大学教授・工学博士
　　　　　　　関　宏子　千葉大学分析センター特任准教授・薬学博士
　　　　　　　渡會　仁　大阪大学名誉教授・理学博士
　　　　　　（50音順）

分析化学実技シリーズ
刊行のことば

　このたび「分析化学実技シリーズ」を（社）日本分析化学会編として刊行することを企画した．本シリーズは，機器分析編と応用分析編によって構成される全23巻の出版を予定している．その内容に関する編集方針は，機器分析編では個別の機器分析法についての基礎・原理・装置・分析操作・実施例に関する体系的な記述，そして応用分析編では幅広い分析対象ないしは分析試料についての総合的解析手法および実験データに関する平易な解説である．機器分析法を中心とする分析化学は現代社会において重要な役割を担っているが，一方産業界においては分析技術者の育成と分析技術の伝承・普及活動が課題となっている．そこで本シリーズでは，「わかりやすい」，「役に立つ」，「おもしろい」を編集方針として，次世代分析化学研究者・技術者の育成の一助とするとともに，他分野の研究者・技術者にも利用され，また講義や講習会のテキストとしても使用できる内容の書籍として出版することを目標にした．このような編集方針に基づく今回の出版事業の目的は，21世紀になって科学および社会における「分析化学」の役割と責任が益々大きくなりつつある現状を踏まえて，分析化学の基礎および応用にかかわる研究者・技術者集団である（社）日本分析化学会として，さらなる学問の振興，分析技術の開発，分析技術の継承を推進することである．

　分析化学は物質に関する化学情報を得る基礎技術として発展してきた．すなわち，物質とその成分の定性分析・定量分析によって得られた物質の化学情報の蓄積として体系化された分析化学は，化学教育の基礎として重要であるために，分析化学実験とともに物質を取り扱う基本技術として大学低学年で最初に教えられることが多い．しかし，最近では多種・多様な分析機器が開発され，いわゆる「機器分析法」に基礎をおく機器分析化学ないしは計測化学が学問と

して体系化されつつある．その結果，機器分析法は理・工・農・薬・医に関連する理工系全分野の研究・技術開発の基盤技術，産業界における研究・製品・技術開発のツール，さらには製品の品質管理・安全保証の検査法として重要な役割を果たすようになっている．また，社会生活の安心・安全にかかわる環境・健康・食品などの研究，管理，検査においても，貴重な化学情報を提供する手段として大きな貢献をしている．さらには，グローバル経済の発展によって，資源，製品の商取引でも世界標準での品質保証が求められ，分析法の国際標準化が進みつつある．このように機器分析法および分析技術は科学・産業・生活・経済などあらゆる分野に浸透し，今後もその重要性は益々大きくなると考えられる．我が国では科学技術創造立国をめざす科学技術基本計画のもとに，経済の発展を支える「ものづくり」がナノテクノロジーを中心に進められている．この科学技術開発においても，その発展を支える先端的基盤技術開発が必要であるとして，現在，先端計測分析技術・機器開発事業が国家プロジェクトとして推進されている．

　本シリーズの各巻が，多くの読者を得て，日常の研究・教育・技術開発の役に立ち，さらには我が国の科学技術イノベーションにも貢献できることを願っている．

「分析化学実技シリーズ」編集委員会

まえがき

　本書は初心者が原理を充分理解したうえで蛍光X線分析を行なうことができるようになることを目的とした入門書である．蛍光X線分析とは何か，を手っ取り早くつかむためにはChapter 1にざっと目を通すだけで十分である．Chapter 2ではChapter 1の内容を高度なレベルまで説明した．Chapter 3ではChapter 1で説明した定性分析と定量分析について詳細に説明した．これは，通常の蛍光X線分析装置では装置の中のコンピュータによって自動的に行なわれている部分の解説である．自動定性・自動定量だけでは充分ではない複雑な分析を行なう場合に参照することを推奨する．Chapter 4では，試料の前処理法について説明したが，蛍光X線分析法では通常は省略できる実験操作であり，通常より高精度，高感度を目指す場合に参照すればよい．蛍光X線分析の成書は古典的なもの，最近出版された詳しいものなどがあるが，本書はそれらに比べて初心者向きであることを特色としている．特にピストル型のハンディー（ハンドヘルド）蛍光X線分析装置で分析する場合を主眼としている．蛍光X線分析装置を導入すると，操作方法の説明を教わったり，マニュアルを読んだりして，一通り分析値が得られるところまでは，特に基礎知識なしでも到達できる．自分が出した分析値に自信がなかったり，何かおかしいという場合や，原理的にもっと理解したいという人を本書は対象としている．

　蛍光X線分析法の教科書は，1968年に浅田栄一，貴家恕夫，大野勝美著「X線分析」と1987年に大野勝美，川瀬　晃，中村利廣著「X線分析法」がともに共立出版から出版され，長らく使われてきたが，10年以上前から絶版になっていた．そのため2005年ころに各社から蛍光X線分析の新しい教科書が出版されたが，難しすぎるきらいがある．また，5年以上前に執筆された蛍光X線分析の教科書は，ハンディー装置がまだあまり広く普及しておらずその対象からはずされていたため，ハンディー装置に対する記述があったとしてもご

くわずかである．

　本書は手っ取り早く Chapter 1 だけ読めば，蛍光 X 線分析の基本となる事項をすべてマスターすることができ，ハンディー装置で自信を持って分析できるだけの基礎知識を得ることができるように執筆した．初心者向けという点に重点を置いたので思いっきり簡略化した．もっと詳しい勉強がしたい読者は，本書を読んだ後で巻末に挙げた高度な内容の参考書に進まれるとよいと思う．

　最後に，本原稿を査読いただいて貴重なご助言をいただいた編集委員長の原口紘炁先生，石田英之先生に深く感謝申し上げます．

2012 年 8 月

河合　潤

目次

刊行のことば　*i*
まえがき　*iii*

Chapter 1　蛍光 X 線分析法とは―簡単な説明―　*1*

1.1　原子の構造　*2*
1.2　蛍光 X 線　*4*
1.3　各殻の電子数と周期表の関係　*6*
1.4　X 線のエネルギー　*8*
1.5　X 線の波長　*10*
1.6　蛍光 X 線分析装置　*12*
1.7　定量分析　*14*
1.8　X 線のエネルギーと強度について　*18*
1.9　蛍光 X 線分析の精度と正確さ　*20*
1.10　分析の具体例　*22*
1.11　分析値がおかしい場合　*25*
1.12　蛍光 X 線分析法のまとめ　*26*

Chapter 2　蛍光 X 線分析―詳しい説明―　*27*

2.1　試料について（他の分析法でも共通する場合が多い）　*28*
2.2　試料調製　*30*
2.3　X 線源　*31*
2.4　波長分散方式とエネルギー分散方式　*34*

2.5	トレース・アナリシス，マイクロ・アナリシス	36
2.6	検出器	38
2.7	パイルアップ，サムピーク，エスケープピーク	41
2.8	フィルター	42
2.9	全反射蛍光 X 線	44
2.10	偏光蛍光 X 線	44
2.11	スペクトル線の意味	46
2.12	スペクトルの強度比	47
2.13	化学状態分析	51
2.14	スリット	53
2.15	X 線スペクトル	53
2.16	本章のまとめ	55

Chapter 3　定性・定量分析　57

3.1	スペクトル線の重なり	58
3.2	蛍光 X 線強度の理論	59
3.3	標準添加法と内標準法	63
3.4	希釈法	63
3.5	多層薄膜の膜厚分析	64
3.6	本章のまとめ	64

Chapter 4　試料調製　67

4.1	はじめに	68
4.2	定性分析	69
4.3	粉末試料の測定例	70
4.4	液体試料	71
4.5	定量分析	71
4.6	ブリケット法	72
4.7	ガラスビード法	74
4.8	金属試料	75

4.9	大気中粉じん，気体，河川水中の懸濁物	76
4.10	予備濃縮法	76
4.11	標準試料	77
4.12	本章のまとめ	78

付　録　79
索　引　87

イラスト／いさかめぐみ

Chapter 1

蛍光X線分析法とは
―簡単な説明―

　蛍光X線分析法の簡単な解説を述べる．化学の予備知識がなくても蛍光X線分析装置の原理がわかって使えるようになることを目指して，やさしく解説する．原子の構造，エネルギーと強度の違い，波長とエネルギーの関係，など物理の基礎に関してもわかりやすく説明した．ppmとは？精度と正確さの違いとは？など，分析化学に関した基礎事項についてもやさしく説明する．

1.1 原子の構造

　原子は，中心に＋の電荷を持った原子核の周りを－の電荷を持つ電子が周回する構造をもつ．太陽系と同じようなものであるというイメージを持ってよい（厳密ではないと言う専門家もいるが太陽系モデルは多くの量子現象を説明できる）．電子は，内側から外側へ向かってK殻，L殻，M殻，N殻，O殻という軌道の集団を形成している（図1.1）．電子の存在確率を電子雲として表現する考え方もあるが，そのような複雑なことは考えず，重い原子核の＋の電荷と軽い電子の－の電荷が互いに引力をおよぼしあって原子核を中心に電子は円運動していると考えてよいのである．

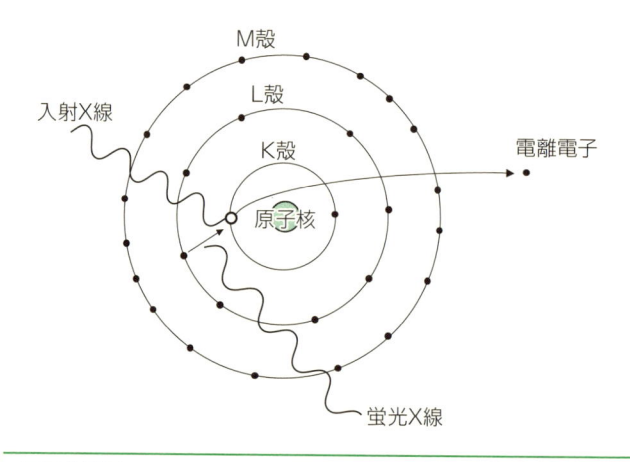

　原子の構造で，一番内側の軌道を **K殻** と呼ぶのは，X線を使って原子の殻構造を研究し始めた1911年に，将来もっと高いエネルギー（高い透過力）のX線が発見されてもよいようにK線から始めたためである．K線はK殻に対

図1.1　原子軌道図

応している．結局 K 殻が一番内側であった．

　この原子に X 線をあてると，どれかの電子を揺すらせる．X 線は電磁波なので電場が時間とともに sin 的に変化する．ちょうど波間に揺れるウキのように，電荷を持つ軽い電子はその電場によって揺す振られる．電子と原子核の結合力が電磁波の振動数に共鳴すると，電子の振れはブランコをこぐように大きくなり，振れが大きくなると電子は原子の外へと飛び出す．

　内側の殻（たとえば K 殻）から電子が飛び出した場合，その殻には電子の空孔が生じる．この空孔に向かって，外側の電子（たとえば L 殻の電子）が原子核の引力で引っ張られて移動するとき，X 線を発生する．

　L 殻の電子のほうが K 殻の電子よりも高い"位置"に居るので，電子は高い位置（L 殻）から低い位置（K 殻）へと移動する．高さに相当するエネルギーが X 線となって放出される．これが**蛍光 X 線**である．原子内の電子が原子核から引かれる引力によって生じるエネルギーと，地上でボールが地球から引かれる重力（引力）によって生じる位置エネルギーとは似た関係にある（**図1.2**）．地上の物体なら位置エネルギーの差に相当するエネルギー（これは落下物体のスピードに変化して地上に衝撃力を与える）は，原子では X 線となって放出される．

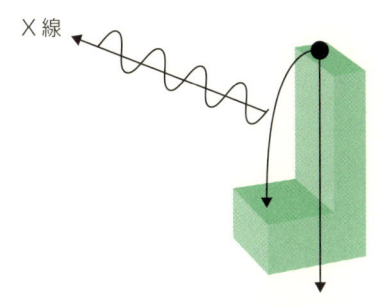

重力，または，原子核に電子が引かれる力

図 1.2　軌道間の電子遷移と X 線の発生

1.2 蛍光X線

　蛍光と呼ぶ理由は，はじめに入射させるのがX線で，出てくるのもX線という意味で使われている．可視光で「蛍光」「りん光」というのは，蛍光物質に光をあてておいて暗闇に入れると，「蛍光」は強く光ってすぐ暗くなるが，「りん光」は弱い光が長い時間出ている現象である．可視光の「蛍光」とX線で使う「蛍光」とは物理的な意味のうえでは直接関係はない．

　蛍光X線は英語では X-ray fluorescence または fluorescent X-rays と言う．蛍光X線分析法を **XRF**（エックスアールエフ）と呼ぶのは X-ray fluorescence の頭文字である．

　入射させるのがX線なのは，内殻の電子を原子外まで飛び出させるためにエネルギーの高い光子が必要なためである．UV光（紫外光），可視光，赤外光では光子1個のエネルギーが小さすぎて，内殻の電子を飛び出させる（イオン化させる）ことができない．1つの原子に同時に多数の可視光の光子があたったときにもイオン化が生じる（多光子イオン化）が，レーザー光のように光子密度が高くても難しい．レーザーを照射するとX線を発生させることができる場合もあるが，多光子イオン化の効果よりも光の電場によって電子が加速される効果が主である．

　入射させるものは，X線に限らない．イオンや電子を照射しても蛍光X線に相当するX線を発生させることができる．この場合，用語の使い方を気にする人は「蛍光X線」という言葉は使わず「発光X線」と言う場合が多い．数MeVの運動エネルギーを持つ陽子ビームや重イオンビームを照射してX線を発生させる場合には **PIXE**（ピクシー．particle induced X-ray emission の頭文字，「妖精」pixy に掛けた略語）と呼ぶ．5 kV〜15 kV に加速した電子ビームを照射する場合には**電子線マイクロプローブ分析**と呼んだり，**EPMA**（イー

ピーエムエーと読む．electron probe micro analysis または electron probe micro analyzer の頭文字）と呼ぶ．走査電子顕微鏡（SEM, scanning electron microscope）を流用することが多いので **SEM-EDX** と呼ぶこともある（EDX の説明はエネルギー分散法で説明する．セム・イーディーエックスまたはエスイーエム・イーディーエックスとも読む）．シンクロトロン放射光（synchrotron radiation）を照射する場合には **SR-XRF**（エスアール・エックスアールエフ）と呼ぶ．放射性同位元素（radio isotope）から発生する X 線（原子核の崩壊で発生する X 線は γ 線と呼ぶ場合が多い）を用いる場合には **RI-XRF**（アールアイ・エックスアールエフ）と呼ぶ．γ 線（ガンマ線）と X 線はエネルギーの高低で分類するのではなく，原子核から出てくる電磁波か，電子軌道間の遷移によって出てくる電磁波かによって分類する．電子と陽電子が衝突して発生する電磁波も γ 線と呼ぶ．一般には γ 線のほうが X 線よりエネルギーは高いが例外も多い．

　エネルギー分散（EDX）方式の EPMA は EPMA と呼ばずに SEM-EDX のように呼ぶことが多く，EPMA と呼ぶと波長分散方式（WDX）の結晶分光器を備えた EPMA をさす場合もあるが，はっきりルールがあるわけではなく，これらの呼び方は自由に使われている．

たくさんの略語が出てきたが，とりあえず「XRF」だけ覚えておこう．

1.3 各殻の電子数と周期表の関係

　K殻は1s軌道から成る．L殻は2s軌道と2p軌道という2つの副殻で構成されている．このような関係を示すと表1.1のようになる．

　それぞれの副殻には，s軌道には2個まで電子が入り，p軌道には最大6個の電子が入り，dは10個，fは14個というように+4ずつ増加する．各副殻にはこの数を越える数の電子は入ることができない．したがって主殻に入りうる電子の数は，K殻に2個，L殻に8個，M殻に18個というように増加する．厳密に用語を用いるなら，「K殻」という状態が指す意味は，1s軌道から電子が1個居なくなった状態である．電子が2個とも入っている場合には，K殻というものは，本当は定義できない．詳しくはChapter 2を参照．

表1.1　主殻と副殻の関係

主殻	副殻
K殻	1s軌道
L殻	2s軌道，2p軌道
M殻	3s軌道，3p軌道，3d軌道
N殻	4s軌道，4p軌道，4d軌道，4f軌道
O殻	5s軌道，5p軌道，5d軌道，5f軌道，5g軌道

s電子1個〜2個　　　　　　　　　　　　　　　　　　　p電子1個〜6個

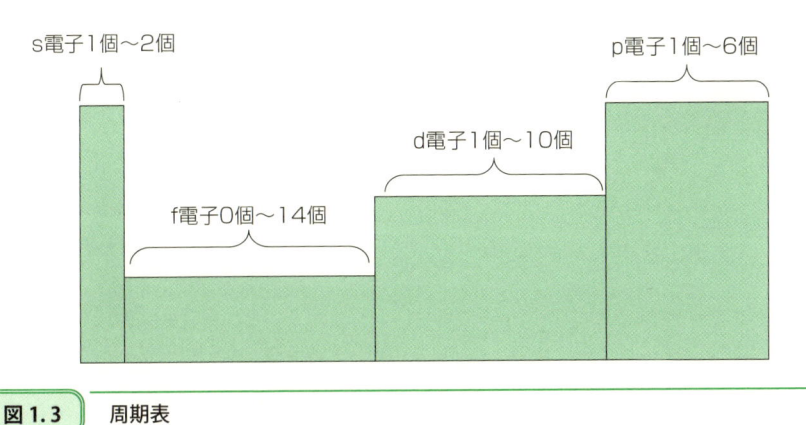

d電子1個〜10個

f電子0個〜14個

図 1.3 周期表

　周期表は**図 1.3**に示すように2列のブロック，6列のブロック，10列のブロック，14列のブロックなどから成るが，その列数は副殻の s, p, d, f 軌道に収容できる電子数に対応している．s, p, d, f の後は g, h と続く．s, p, d, f は sharp, principal, diffuse, fundamental という水素のスペクトルの特徴を表わす語の頭文字に由来していたが，X 線スペクトルでは単なる記号に過ぎない．いまは sharp, principal…という語源を知っている人は科学史家くらいのものである．図 1.3 では Sc と Y の下に f ブロックがあるが，この点をあいまいに描いてあるので，やや正確さに欠けている．正しい周期表と比較してみること．

インターネットの画像検索で「周期表」，「周期律表」を探して図 1.3 と比較してみよう．Sc と Y の位置も探してみよう．

1.4 X線のエネルギー

　X線でも可視光でも，場合によっては粒子（光子）として考えると都合がよく，またある場合には波動と考えると都合がよい．このように電子や光子が，粒子とも波とも解釈できることが量子力学の中心部分である．

　K殻電子を原子の外に飛び出させるメカニズムも，光子がK殻電子に衝突してビリヤードボールのように電子を飛び出させるとも考えることができるし，電磁波が軽い電子を揺り動かしてブランコのように次第に揺れが大きくなって最後に原子の外に飛び出させると考えることもできる．

　X線の光子の1個は振動電場が次第に強くなりまた弱くなる塊りで，その塊りの中で1000回くらい振動しているものと考えることができる（**図1.4**）．

　光子1個が持つエネルギーをX線のエネルギーと言う．振動数（電場が1秒間に揺れる回数）ν（ギリシャ文字，ニュー）とX線のエネルギー E との関係は，

$$E = h\nu \tag{1.1}$$

という関係がある．ここで h はプランク定数と呼ばれる物理定数である．

$$h = 6.6 \times 10^{-34} \text{ Js} \tag{1.2}$$

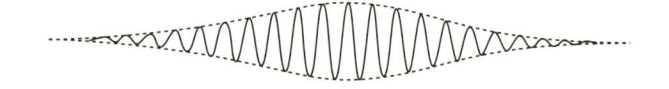

図1.4　X線光子のイメージ

X線は光の一種なので，光速 c で伝わる．$c=3\times10^8$ m＝30万 km．光速とは，言い換えれば，1秒間に光の粒も光の波も c メートル進むことを意味している．X線の波長を λ メートルとすると（ギリシャ文字，ラムダ），1秒間に光が進んだ距離の中に波長は c/λ 回現われるので，これが振動数となる．

$$\nu=\frac{c}{\lambda} \tag{1.3}$$

式 (1.1) と (1.3) から

$$E\lambda=hc \tag{1.4}$$

という関係を導くことができる．この関係はX線に限らず電磁波ならどんな波長でも（可視光でも，赤外線でも紫外光でも）成立する．たとえば，電子レンジに使われているマイクロ波は 2450 MHz＝2.45 GHz なので1秒間の振動数は 2,450,000,000 回となり，

$$\begin{aligned}\lambda&=\frac{c}{\nu}\\&=3.0\times10^8 \text{ m/秒}\div 2{,}450{,}000{,}000 \text{ 回/秒}\\&=0.12 \text{ m/回}\end{aligned}$$

となる．すなわち電子レンジに使われる電波の波長は 12 cm である．電磁波のエネルギーは1個の光子あたりに換算すると，

$$\begin{aligned}E&=\frac{hc}{\lambda}\\&=6.6\times10^{-34} \text{ Js}\times 3.0\times10^8 \text{ m/秒}\div 0.12 \text{ m}\\&=1.7\times10^{-24} \text{ J}\\&=0.00001 \text{ eV}\end{aligned}$$

となる．eV はエネルギーの単位で 1.6×10^{-19} J に相当する（エレクトロン・ボルトと読む）．1 eV は，電子1個を 1 V の電位差で加速したときにその電子が持つ運動エネルギーに相当する．電子の電荷は $-e=-1.6\times10^{-19}$ C である．0.00001 eV の単位の e に 1.6×10^{-19} C を代入すれば CV＝J なので，J 単位に戻すことができる．

1.5 X線の波長

　X線は波長が0.1Å（オングストローム）～10Åくらいの範囲の電磁波である．1Å＝0.1 nm（ナノメートル）という関係があるので，0.01 nm～1 nmくらいの範囲の電磁波がX線と呼ばれる．オングストロームは国際標準単位ではないが原子間距離やX線波長を表わすのに便利なためよく使われる．原子の内殻にできた空孔を埋めるように外側の電子が遷移したときに出てくる電磁波がX線である．1.2節で説明したように，同じ波長範囲の電磁波でも原子核の中のプロセスで出てくる電磁波はγ線（ガンマ線）と呼んで区別する．

　0.01 nm～1 nmの範囲の波長をエネルギーに換算するには式（1.4）を用いて，

$$E = \frac{hc}{\lambda}$$
$$= 6.6 \times 10^{-34} \text{ Js} \times 3.0 \times 10^8 \text{ m/秒} \div (0.01 \times 10^{-9} \text{ m})$$
$$= 2.0 \times 10^{-14} \text{ J}$$
$$= 124{,}000 \text{ eV}$$
$$= 124 \text{ keV （キロ・エレクトロン・ボルトと読む）}$$

および

$$E = \frac{hc}{\lambda}$$
$$= 6.6 \times 10^{-34} \text{ Js} \times 3.0 \times 10^8 \text{ m/秒} \div (1 \times 10^{-9} \text{ m})$$
$$= 2.0 \times 10^{-16} \text{ J}$$
$$= 1240 \text{ eV}$$

となるので，X線は大体1 keV～100 keVに相当する．このうち蛍光X線分析に使うのは，入射させるX線も検出するX線も2 keV～30 keVの範囲であ

る．

　30 keV より大きなエネルギー（高いエネルギーとも言う）の X 線は，X 線の透過力が大きい（強い）ので，X 線分析装置から X 線がもれないように鉛や厚い鉄材などを用いて厳重にシールドする必要がある．そのため装置が大型になったり重くなったりして大げさになる．また 2 keV より低いエネルギーの X 線は，少しの空気でも（低圧の空気や大気中なら 1 mm を進む短い距離でも）吸収されてしまうので，高真空装置内で測定する必要があり，分析装置として，またぜんぜん違ったものになる．扱いやすいのは 2 keV〜30 keV の範囲の X 線で，元素としても Si の原子番号以上の元素をすべてカバーするので実際の分析上も不自由ない．

　X 線の波長とエネルギーを換算する際に覚えておくと便利な換算式は，

$$\lambda[\text{Å}] \times E[\text{keV}] = 12.4 \tag{1.5}$$

である．12.4 の正確な値が必要な場合には，式（1.4）からプランク定数と光速度の積 hc を計算すればよい．eV に直すときには電気素量 e で割ればよい．

$$\begin{aligned}\frac{hc}{e} &= (6.626\,070\,15 \times 10^{-34}\,\text{Js}[\text{定義値}]) \times (2.997\,924\,58 \times 10^{8}\,\text{ms}^{-1}\,[\text{定義値}]) \\ &\div (1.602\,176\,634 \times 10^{-19}\,\text{C}[\text{定義値}]) = 12.3985\,\text{Å}\cdot\text{keV} = 12.396\,\text{Å}^{*}\cdot\text{keV}\end{aligned}$$

［定義値］は 2018/2019 年に改訂．単位［Å*］は X 線特有の単位．

　式（1.5）により，12.4 keV の X 線の波長は 1 Å（＝0.1 nm），6.2 keV の X 線の波長は 2 Å（＝0.2 nm）．Cu Kα_1 線 8.05 keV の X 線の波長は 1.54 Å（＝0.154 nm）である．最近はナノメータ（nm）を使うので，

$$10\,\text{Å} = 1\,\text{nm}$$

の関係に注意する．単位［Å*］は W Kα_1＝0.2090100 Å* が定義なので，10 Å* ≒ 1 nm．

　従来は X 線の波長を横軸に，X 線の強度を縦軸に X 線スペクトルをプロットする場合が多かったが，最近は X 線のエネルギーを横軸，X 線の強度を縦軸にしてスペクトルをプロットする場合が多くなったので，X 線の波長について特に意識する必要はない．これは後述するエネルギー分散方式が主流になったためである．

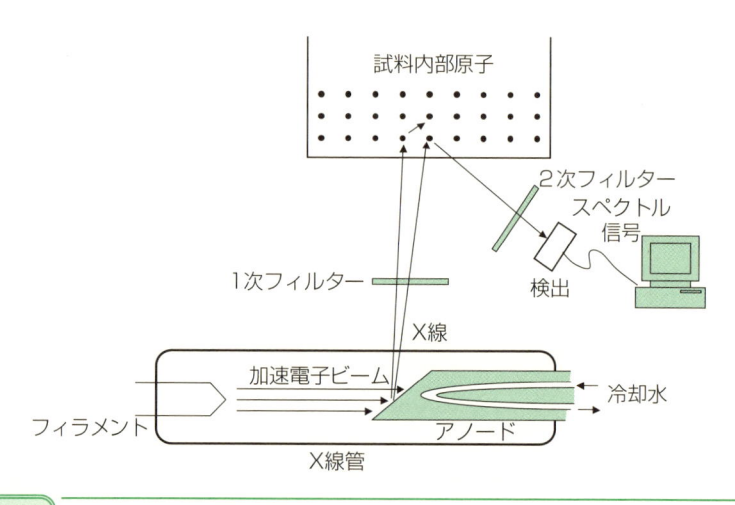

1.6 蛍光 X 線分析装置

　蛍光 X 線分析装置の概略は**図 1.5** のように描くことができる．X 線管の中は真空で，その真空中のフィラメント（電球のフィラメントと原理的には同じだが，電球は二酸化炭素が封入されているが X 線管は真空に封じられている）に電流を流して電子（熱電子と呼ぶ）を発生させ，フィラメントとアノード（陽極）の間に数十 kV の電圧をかけておいて熱電子を加速しアノードに衝突させる．衝突の際に電子の運動エネルギーが X 線に変化したり（連続 X 線），図 1.2 の原理で X 線が発生したり（特性 X 線）など，いろいろな波長（エネルギー）が混ざった X 線が発生する．必要な波長成分だけを金属薄膜のフィルターで濾して分析試料に照射すると，分析試料に含まれる原子の内殻電子が飛び出し（もちろん外殻電子も飛び出すが，外殻にできた電子の空孔は X 線

図 1.5　蛍光 X 線分析装置の概略

12

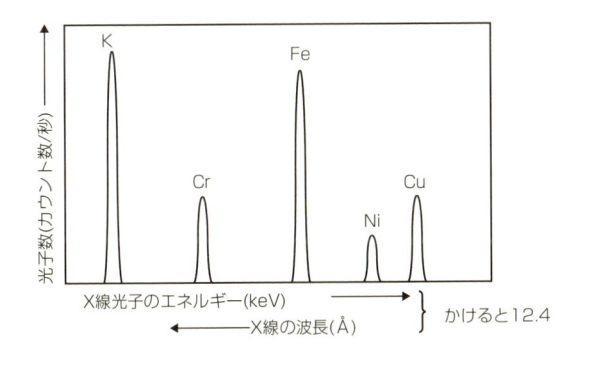

Chapter 1 蛍光 X 線分析法とは―簡単な説明―

図 1.6 典型的な蛍光 X 線スペクトルの模式図

の発生には寄与しない），その結果として図 1.1 のメカニズムで蛍光 X 線が発生する．

　この蛍光 X 線は，直接検出器に入るものもあれば，分析試料中の他の原子に吸収されて再び蛍光 X 線を発生する場合もある（図 1.5）．このように 2 次的な吸収・励起を繰り返し，さまざまなエネルギーの蛍光 X 線が発生する．試料から発生する蛍光 X 線は，そこに含まれる元素の種類に応じていろいろな波長（エネルギー）の X 線が混ざったものとなる．蛍光 X 線のエネルギー（横軸）は原子番号の順序になる．また元素の濃度，すなわち試料中に含まれる原子数に比例して蛍光 X 線の光子数（縦軸）が変わる．典型的な蛍光 X 線スペクトルの模式図を **図 1.6** に示す．**X 線スペクトル**とは，横軸に X 線エネルギーを，縦軸に X 線の強度をプロットしたグラフである．

　図 1.1 において，K 殻などを周回する電子と原子核との結合力は，原子番号が大きくなるほど強くなるので，それに応じて蛍光 X 線のエネルギーが大きくなる（高くなる）．蛍光 X 線は元素に特有なので，スペクトルを見ると含有される元素の種類がわかる．偶然同じエネルギーに違う元素のピークが出る場合があるが，そういうときは 2 重線（ダブレット，$K\alpha$ 線と $K\beta$ 線）や 3 重線（トリプレット，$L\alpha$，$L\beta$，$L\gamma$ 線）などを利用して分析する．蛍光 X 線分析装置には X 線スペクトルの詳細なデータベース（2 重線の強度比やエネルギーの表）が入っていて，それとの比較によって実測スペクトルのピークに対応する元素を画面に表示する．

1.7 定量分析

　濃度がわかったさまざまな濃度のFe元素が含まれる試料の蛍光X線強度を測定し，強度（ピークの高さでもよいが，図1.7の斜線部の面積がよい）をプロットすると（図1.7），濃度とX線強度とは直線関係になるので，未知の濃度の試料のX線強度を測定すれば濃度が分析できる．この濃度とX線強度の直線関係は，Fe（目的元素）が，水溶液に含まれているか，酸化物に含まれているか，土壌に含まれているか，プラスチックに含まれているか，あるいは合金中に含まれているかによって，それぞれ違う直線になる．このような直線のことを**検量線**という．分析試料中の元素が濃い場合，たとえば合金のように周期表の近隣の元素が濃い濃度で含まれている場合には**図1.8**のように直線から大きくばらつく（マトリックス効果）．水溶液のように軽元素の中に重金属が溶けている場合にはこのばらつきはほとんど無視できるほど小さい．

　蛍光X線分析法では，図1.7の原理を用いて元素の定量分析が可能である．数グラムの試料（粉末，水溶液，固体など）の中に各元素が何ppm，あるい

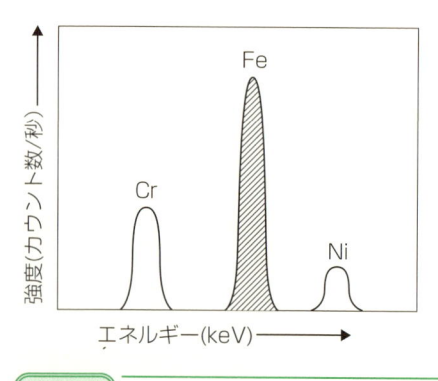

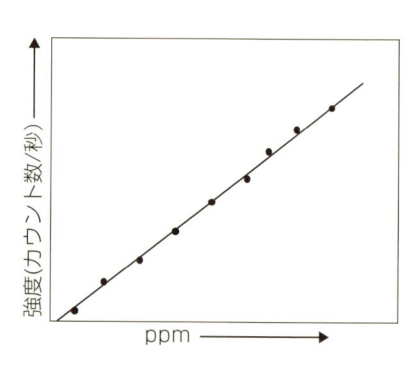

図1.7 蛍光X線スペクトルの面積強度の意味と濃度の関係

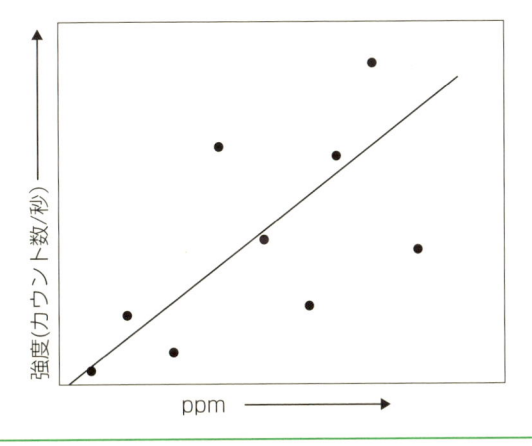

図 1.8 濃度と蛍光 X 線強度が直線にならないマトリックス効果の例

は何％入っているかという分析結果を出すことができる．たとえば総重量5 gの試料中に 10% の鉄が入っているというのは，0.5 g が鉄元素で，残りの 4.5 g が鉄以外の元素から成ることを意味する．このとき試料を保持するホルダーの重さは除外した結果を示している．

酸化チタン TiO_2 の粉末 5 g について考えてみる．この中には原子が，酸素原子数 2 に対してチタン原子数 1 の割合で含まれている．チタンの原子量が 47.90（すなわち 6.02×10^{23} 個のチタン原子の重さが 47.90 g），酸素の原子量 16.00 から，TiO_2 中の Ti の含有量は，

$$\frac{47.90}{47.90+16.00\times 2}\times 100 = 59.95 \text{ 重量\%}$$

となる．蛍光 X 線分析では，酸素の蛍光 X 線は測定できないので，コンプトン散乱強度（後述）から軽元素の含有量を概算して，酸化物と仮定して全重量に対する Ti の割合を算出する．

酸化物を分析して，60% TiO_2，40% Fe_2O_3 という分析結果を得た場合には，蛍光 X 線分析で観測しているのは，Ti と Fe の特性 X 線と，軽元素の総量を表わす入射 1 次 X 線のコンプトン散乱強度だけであるということを知っておく必要がある．酸素量は Fe なら FeO ではなく Fe_2O_3 となるように自動的に重さ（重量％）に換算している．

水溶液の場合には，5%の食塩水が全体で5gある場合，0.25gの食塩（NaCl）と4.75gの水からなるが，NaとH$_2$Oのいずれの特性X線も検出できず，Clの特性X線だけが検出できるので，正確な分析値は得られない．5%のKCl水溶液の場合には，KもClも特性X線が検出できるので，コンプトン散乱から軽元素の総量，すなわち水の量がわかり，水溶液と仮定すれば，水溶液中のKとClの重量%が蛍光X線分析によって正しく得られる．水溶液という仮定は，軽元素はすべて水と見なしたことに相当するからである（分析装置を真空またはヘリウム・パスにすればNaは測定可能である．水溶液を真空中で測定するためには特殊な密閉容器が必要になる）．

　次に100 ppmの食塩水について考えてみる．100 ppmは0.01%水溶液を意味しており，この食塩水5gの中には0.0005 g，すなわち0.5 mgのNaClが含まれている．このくらい薄いと，5gの食塩水中にNaClが0.0005 g入っていて残りの水が4.9995 gと考えるのが確かに厳密ではあるが，水が5.000 gあると考えても大差ないので，Naは観測できず水と区別できないので水に含めて，

$$\text{Cl} \quad 0.0005 \times \frac{35.45}{35.45 + 22.99} = 0.00030 \text{ g}$$

が水に含まれているという分析値が得られる．Clの濃度として

$$60 \text{ ppm} \left(= \frac{0.00030}{5} \times 1{,}000{,}000 \right)$$

が蛍光X線分析で得られる結果である．この程度の希薄な水溶液の場合には，重量で測定しなくても容積mLで測定しても蛍光X線の測定精度に対して（相対誤差5%程度）充分に正確な分析値を得ることができる（ミリリットル＝cm^{3}をmLと書くのはリットルを小文字で書くと数字の1と間違いやすいため）．

　通常は有害元素や重金属の濃度が問題になるので，ここで分析できなかったNaの分析値が得られなかったとしても分析結果としては充分である場合が多い．微量の軽元素の分析が必要になる場合（たとえばH, He, Li, Be, Bなどの濃度を分析したい場合）には蛍光X線分析は役に立たない．別の方法を使うべきである．水溶液中にX線は侵入してもせいぜい2～3 mm程度なの

で，水溶液用の測定カップ（直径 2.5 cm，深さ 1.5 cm）には 10 mm の深さまで入れれば無限に厚い試料と考えることができる．したがって，水溶液 5 g という例で説明してきたが，$\pi \times (1.25 \text{ cm})^2 \times 1 \text{ cm} = 4.9 \text{ cm}^3$ という水溶液カップの中の試料量に相当する．

%，ppm，およびもう 3 桁薄い濃度を表わす ppb と試料 1 g 中の含有量の関係を表 1.2 に示す．

特性 X 線の強度と濃度の関係は，装置のコンピュータ・プログラムにデータベースが備えられていて，その関係を使って換算する．コンプトン散乱強度と軽元素の量の関係も同じである．装置によっては 1 ヶ月に 1 回程度，濃度と X 線強度の関係を補正する必要があるが，装置に備え付けの標準試料を測定する．アルミニウム合金を測定するように定められた装置もあるが，アルミニウム合金中のわずかな鉄原子などを使って補正している．ハンディー型装置の場合は，センサー部のふたの内側の材質（ステンレス鋼の各元素成分）を用いて，電源投入のたびに，横軸（エネルギー）と縦軸（強度－濃度補正）をチェックする装置もある．

濃い試料や合金などの場合には，目的元素から発生した蛍光 X 線が，共存

表 1.2 1 g 中の絶対量と濃度との関係

総試料量		1 %	0.1 %	1 ppm	1 ppb
1 g		10 mg	1 mg	1 μg	1 ng
		10000 μg	1000 μg	1 μg	0.001 μg
		10^{-2} g	10^{-3} g	10^{-6} g	10^{-9} g
		100 分の 1	1000 分の 1	100 万分の 1	10 億分の 1
		10^{-2}	10^{-3}	10^{-6}	10^{-9}
	固体		1 mg/g	1 μg/g	1 ng/g
	水溶液		1 mg/mL	1 μg/mL	1 ng/mL
1 mg	固体		1 μg/mg	1 ng/mg	1 pg/mg
	水溶液		1 μg/μL	1 ng/μL	1 pg/μL

100 万＝million（ppm の m） 10 億＝billion（ppb の b）．ただしアメリカでは billion は 10^9 を表わすが，イギリスでは 10^{12} を意味する場合があるので注意する．

する元素によって吸収される効果や，共存元素から出た蛍光X線が，さらに試料内の別の目的元素を励起して，本来よりも濃い濃度の分析値を与える現象（それぞれ**吸収効果**と**強調効果**，両方を合わせて**マトリックス効果**と呼ぶ）が無視できなくなる．濃い試料になると，図1.8のようにマトリックス効果によって濃度と特性X線強度の関係が直線にならず，ばらつく．**マトリックス**とは目的分析元素以外の試料の**母体**部分を指す分析化学用語である．

マトリックス効果についてはChapter 3で扱う．通常の蛍光X線分析装置にはマトリックス効果を自動補正する **FP（Fundamental Parameter）法**またはその簡易版のコンピュータ・プログラムが内蔵されており，標準試料を測定することによって検量線を作成しなくても最悪5%程度の相対精度で分析できる（950 ppmの水溶液を分析するとき，違うカップに毎回水溶液を注いで何度測定しても910〜990 ppmの間に収まるなら4%以内の相対誤差ということができる．実際に蛍光X線分析はこの程度の精度がある．後出の表1.3参照）．Chapter 4に述べる方法を用いれば，きわめて高精度（合金の工業規格の許容範囲内に製品の元素組成を制御するなど）の分析も可能となる．

1.8 X線のエネルギーと強度について

X線のエネルギーと強度は混同しやすい．「X線のエネルギーが多い」という表現は間違いである．X線のエネルギーは「高い」というのが正しい．「X線のエネルギーが強い」という言い回しも蛍光X線分析では使わない．「X線の強度が強い」という．横軸にX線のエネルギーを，縦軸にX線の強度をプロットしたものをX線スペクトルと呼ぶ．スペクトルとは可視光をプリズムのような**分光器**（**スペクトロメーター＝分光計，spectrometer**）で分解した虹色の成分を表わす用語である．分光について研究する分野を**分光学**

Chapter 1 蛍光 X 線分析法とは―簡単な説明―

(spectroscopy), 本書のように**分光法**を使って分析する場合，その分光法のことを **spectrometry** という．

スペクトルを描くと，**図 1.9** のようになる．X 線のエネルギーが高い（図 1.9 a）・低い（図 1.9 b），X 線の強度が強い（図 1.9 c）・弱い（図 1.9 d）という意味が理解できるであろう．X 線のエネルギーは観測される X 線の振動数が高い・低い，別の言葉で言えば波長が短い・長い（波長が短いほうがエネルギーは高い）に対応する．X 線の強度は，観測される X 線の光子数（図 1.9 の黒点の数）が多い・少ないに相当する．

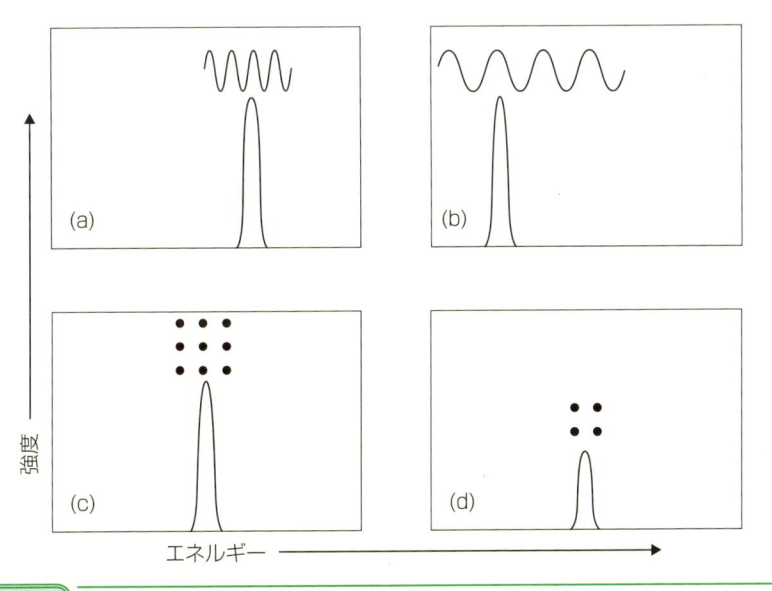

| 図 1.9 | X 線のエネルギーと強度の関係 |

1.9 蛍光 X 線分析の精度と正確さ

　X 線の強度は 1 秒あたりのカウント数あるいは自分で決めた時間あたりのカウント数で表わす．1 秒あたりのカウント数は cps（シーピーエスと読む，counts per second の頭文字）で表わすこともある．X 線の cps 値は測定のたびごとにばらつく．放射線や X 線のカウント数はガウス分布（正規分布）に従い，その標準偏差は $\sigma=\sqrt{N}$ になることがわかっている．つまり 1 秒で 100 カウントの強度の場合，そのばらつきは $\pm\sqrt{100}=10$ カウントなので，繰り返し測定すると，90 カウントから 110 カウントの間に 10 回中 7 回は入ることになる．また，130 カウント以上あるいは 70 カウント以下になる確率は 1% 以下である．検量線によって 100 カウントが 1000 ppm に対応する場合，1 秒計数して 100 カウントの積算カウントを得たとすれば，濃度を「(平均)±σ」として表わせば 1000±100 ppm と表わすことができる．もし 10 秒計数すれば $\sigma=\sqrt{1000}=33$ なので，1000±33 ppm，100 秒計数すれば，$\sigma=\sqrt{10000}=100$ なので，1000±10 ppm となる（10000 カウントが 1000 ppm に対応しているので 100 カウントは 10 ppm に相当するため）．

　このように計数時間を長くすれば，相対誤差をどこまでも小さくすることは可能であるが，n 倍長く測定しても相対誤差は $1/\sqrt{n}$ までしか小さくならない．4 倍長く測定すれば相対誤差は 1/2 になり，9 倍長く測定すれば相対誤差は 1/3 になる．したがって長時間かけてカウント数を稼げば精度はよくなるが，努力に対する効果は薄くなる．

　精度は標準偏差 σ によって表現することができる．**正確さ**は真の値にどのくらい近いかを意味する．図 1.10 に示すように，矢を的に向かって射るとき，真の値から外れていても同じ位置にいつも当たる場合には精度は高いが正確さは低い（図 1.10 a）．一方，図 1.10 b のように真の値（的の中央）に大体

(a) (b)

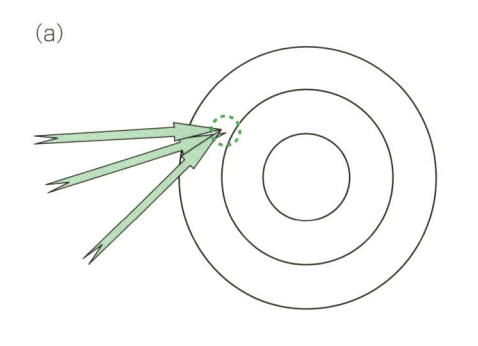

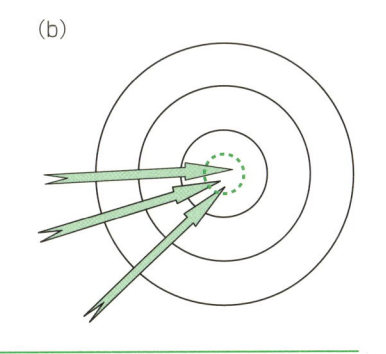

図 1.10 精度と正確さ

あたっていても，その周りに広がってあたっている場合には，正確さは高いが精度は低い．

蛍光 X 線分析の場合，精度を高くしたいときには，計数時間を長くすればよい．正確さを高めるためには，標準試料でキャリブレーションを行なえばよい．長時間の測定は現実的な制約（測定者の人数，測定時間など）によって決まるので，30 分の測定を 1 回行なうより，3 分の測定を 10 回繰り返したほうがよい．全元素の同時測定では数秒～数分が現実的な分析時間である．濃度範囲は ppm～100% まで，精度は相対精度 1～5% 程度であるが，Chapter 4 の方法を使えば 0.01% 以下まで精度が得られる．

> 図 1.10a で，矢がいつも当たる位置と真値（的の中央）との隔たりは，オフセットと呼んだり，定量分析では特にブランクと呼ぶ．

1.10 分析の具体例

表 1.3 には，島津製作所卓上型蛍光 X 線分析装置で，原子吸光分析用鉄標準液（1000 ppm）を測定した結果を示す．原子吸光用標準濃度水溶液は，$Fe(NO_3)_3$ の硝酸溶液なので，Fe 以外の元素は蛍光 X 線分析で検出されない．原子吸光用クロム標準液は $K_2Cr_2O_7$ の硝酸水溶液なので，カリウムも検出される．1000 ppm 程度の薄い濃度の場合には N や O や K が検出されてもされなくても，その共存元素による Fe や Cr という分析目的の金属元素の濃度は変化しない．

| 表 1.3 | 原子吸光分析用 1000 ppm 鉄標準液を繰り返し測定したときの測定値 |

945, 962, 910, 913, 931, 963, 970, 978, 952, 952, 994, 972, 939, 969, 962, 949 ppm

鉄標準液の入ったボトルから，毎回新しい蛍光 X 線用サンプルホルダーに新しいマイラーフィルム（6μm 厚）を張って入れなおして測定したもの．入れる液量は適当で，数 mm の深さの場合もあれば，ぎりぎりこぼれないくらい深く入れる（深さ 10 mm 以上）場合もあった．

| 図 1.11 | 使い捨て液体用試料セル |

Chapter 1 蛍光 X 線分析法とは―簡単な説明―

　表1.3は，図1.11に示す使い捨ての試料ホルダーに入れて上述の1000 ppm 鉄標準液を16回測定した結果である．水溶液試料は6 µm膜厚のマイラーフィルムを張った図1.11の試料ホルダーで測定する．表1.3の16回の測定では，1000 ppm原子吸光用標準濃度水溶液を，無造作に毎回新しい試料ホルダーへ，容器のぎりぎりいっぱいの深さまで入れたり，5 mmの深さまで入れたり，と特に何も考えずに水溶液を注いで測定した結果である．「水溶液の全元素簡易定量分析」をメニューから選択する．全元素測定に要する時間は1回3分である．表1.4はZnの1000 pm標準濃度水溶液を10倍に希釈して測定した結果である．

　表1.5, 1.6はナイトンのハンドヘルド型蛍光X線分析装置で測定したステンレス鋼標準試料とプラスチックのそれぞれ1回ずつの測定結果である．1回の測定でもスペクトルのカウント数の平方根を計算すれば標準偏差が計算できる．認証値と比較すれば実用上充分な精度で分析できていることがわかる．

表 1.4 原子吸光分析用 100 ppm 亜鉛標準液を繰り返し測定したときの測定値

130, 113, 121, 124, 123 ppm

1000 ppm の水溶液を純水で 10 倍に希釈して表 1.3 と同じように毎回新しい試料ホルダーに入れなおして測定した結果．

表 1.5 ステンレス鋼 SUS 347 をハンディー型蛍光 X 線分析装置ナイトンで 10 秒間分析した結果の例

元素	重量濃度±σ (%)	認証値 (%)
Mo	0.10±0.01	0.096
Nb	0.58±0.02	0.54
Mn	1.69±0.16	1.77
Ni	9.17±0.25	9.41
Cr	18.20±0.22	17.47
Fe	69.86±0.37	69.61

σはカウント数から理論的に計算した結果で，複数回測定したものではない．

23

| 表 1.6 | プラスチック標準試料 BCR 680（非 PVC 型）をハンディー型蛍光 X 線分析装置ナイトンで 30 秒測定した例 |

元素	重量濃度±σ（ppm）	認証値（ppm）
Cd	123±9	140.8
Pb	102±9	107.6
Br	834±5	808
Hg	23±5	25.3
Cr	197±46	115.8

チップ状の試料片を液体用試料セルに入れて下面照射して測定した．

Q
表 1.3 の 16 回の繰り返し測定の平均と標準偏差を求めよ．

A
954 ppm±22 ppm

　同一の検体を繰り返し測定する場合と，測定サンプルの中から異なる検体を毎回作成して測定した場合とでは，ばらつきが違う．表 1.5，1.6 の σ は同一検体を繰り返し測定した場合の標準偏差に相当し，表 1.3 の標準偏差（±22 ppm）は，異なる検体を測定した場合に相当する．

1.11 分析値がおかしい場合

　検量線は常に必要と言うわけではないが，分析結果が腑に落ちないときには濃度のわかっている試料を使って，検量線を作成してみる．検量線を正しく引くためには，試料中の測定対象元素の濃度が大体わかっていればその濃度を中心にして3段階の濃度の測定をする．初めての試料で濃度がわからない場合は，7～8段階の濃度の標準試料を準備しておいて，測定する範囲について濃度とX線カウント数のグラフ（検量線）を作成する．これは必ずしも直線とは限らないが，検量線は直線になるという先入観があると正しい分析値は得られない．

　検量線を作成しなくても正しい分析メニューを選べば元素濃度が得られる．土壌を酸化物のメニューで分析すれば正しい値は得られないが，合金メニューよりは真実に近い分析値が得られる．試料が不均一な場合にも注意を要する．

　検量線を作成しない場合，あるいは検量線作成が不可能な場合（ウランやプルトニウムの分析のように標準試料を測定するための系列を準備できない場合）には，原子のイオン化断面積などを使って定量するが，このときイオン化断面積などの物理パラメータの誤差が大きい場合もあるので注意する．

1.12 蛍光 X 線分析法のまとめ

蛍光 X 線分析の要点は以下のようにまとめられるが，多少簡略化しすぎているので注意すること．

- 原子番号 11（Na）以上，特別な場合は 5（B）以上の元素の定性・定量分析が可能．
- エネルギーは 0.5 keV～25 keV，波長では 25 Å～0.5 Å の X 線を使う（0.5 keV×25 Å≒12.4 を思い出そう）．本文では，波長 0.1 Å～10 Å の範囲，エネルギー 2 keV～30 keV の範囲としたが，この程度のあいまいさがある．
- 試料準備は簡単．そのまま測定してもよい．ただし試料調製（「調製」という用語については Chapter 2, 2.2 節を参照）が精度を決めるので高精度が必要なときには面倒な手順が必要．
- 定量濃度範囲は 1 ppm～100 重量%．
- 相対的な正確さは 10%（真値から 10% 以内の分析値が得られる），相対的な精度は 1～5%．
- 全元素分析に要する時間は 5 秒～3 分．

Chapter 2

蛍光X線分析
―詳しい説明―

蛍光X線分析の詳しい解説を述べる．試料と試験片（検体）の違い，分光方式や光学系の違う装置の特徴，X線スペクトルに現れる弱いピークの意味，化学状態分析への応用など，高度な内容を説明する．この章で説明する内容は，蛍光X線分析の専門家でも知らないことが多い．簡単に理解できるように解説したので，本章を一通り読めば，一気に専門家の域に達することができる．

2.1 試料について（他の分析法でも共通する場合が多い）

　分析したいと思う対象（固体，液体，粉体，浮遊粒子状物質）からサンプリングしたものを sample（試料）という（**図 2.1**）．サンプルは，岩石の破片，穀物，金属の削りくず，ヒシャクで汲みとった熔けた鉄，川の水，沈殿，ろ紙でこした残渣，予備濃縮した濃い液体などを指す．specimen（これも「試料」と訳す）と呼ぶのは装置に入れるものを指す．sample を装置に入れられるように成型したり，均一化したり，粒度をそろえたり，粉末を油圧プレスして固めたりしたものを specimen と呼ぶ．specimen は「検体」もしくは「試験片」と呼ぶにふさわしい（検体は生物，試験片は金属材料の場合に specimen にぴったりする日本語である）．アスベスト分析の公定法では，X 線回折法を使うが，サンプリングした試料あたり 3 検体を作成して各 1 回，計 3 回測定する．これは均一性のチェックと測定誤差を小さくすることが目的である．

　蛍光 X 線分析では，通常 3 回の繰り返し測定が行なわれる場合が多い．3 回測定すれば，測定の平均値と標準偏差を計算できるからである．しかし同一検

```
分析したいと思う対象
        ⇩
   Sample（試料）
        ⇩
   Specimen（試料）
```

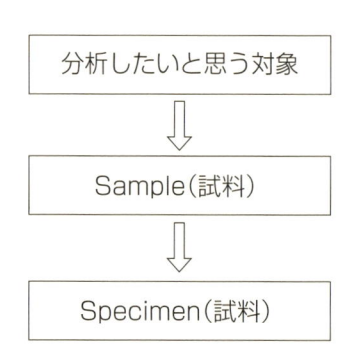

図 2.1　「試料」の 2 つの意味

体を 3 回測定するのか，3 検体を各 1 回測定するのかで結果は異なる．試料（sample）が不均一な場合後者のほうがばらつきは大きくなる．目的に応じてどちらかを選択する．たとえば，sample から specimen を作る際にばらつきが大きくなる場合には，specimen を作成する操作のばらつきを調べるために 3 検体を各 3 回，合計 9 回測定してみる．その結果，specimen ごとの測定値のばらつきと，specimen 間のばらつきが同程度で（同じ標準偏差），平均値の差異も標準偏差内の変動なら，sample から 1 検体を 3 回繰り返し測定するだけでよいことがわかる．検体ごとの測定平均値の差異が大きくなりすぎるようなら，蛍光 X 線分析の場合には，試料形状・試料組成・試料密度・試料表面平滑さなどが不均一であることが原因と考えられるので，その原因を明らかにする．原因が容認できるものか，避けられないものか，あるいは改善できるものかを判断する．避けられないバラツキが原因であれば，分析は検体数を多くして行なう．

　たとえば，野積みになった石炭からサンプルを採取する場合を考える．サンプルを採取する行為をサンプリングと言う．サンプリングは無作為に採取場所を乱数によって決めるなどして行なわなければならない．また，あらかじめ統計的な計算をしておいて，何ヶ所から採取したら全体の代表値を表わすと言えるかを知っておく必要もある．最初の採取場所を乱数で決めた後は一定間隔でサンプリングしてもよい．塊（かたまり）と粉（こな）が混ざったものからサンプリングする場合には，粉だけあるいは塊だけを採取しないように注意する．

　ピストル型のハンディー（ハンドヘルド）装置で測定する場合は，どこに装置を押し付けるか，がサンプリングに相当する．

　一船で輸入した穀物の袋を全数分析することは，分析することによって商品として売り物にならなくなったり，経費がかかったりするため現実的ではない．しかし，米国では輸入プラスチック製おもちゃは有害元素分析を包装紙の上から蛍光 X 線によって全数検査すると言われている．

　同一の検体を繰り返し測定する場合に対して，採取場所が異なるサンプルを測定する場合や，同一サンプルから異なる検体を作成して測定する場合は，標準偏差が 2 倍から 10 倍大きくなる．したがって，分析結果がばらつく場合には，もともと均一とは考えてはよくない不均一なものを相手にしているためな

のか，サンプリング法が悪いのか，測定法が悪いのか，について検討してみる必要がある．通常は，サンプリング＞試料調製＞測定，の順にバラツキは小さくなる．ただしここで，「測定」と言っても，同じ人が繰り返し測定する場合，同じ人が別の日に測定する場合，同じ人が異なる機器を使って測定する場合，測定する人が複数いる場合，などそれぞれバラツキが異なるので注意する．

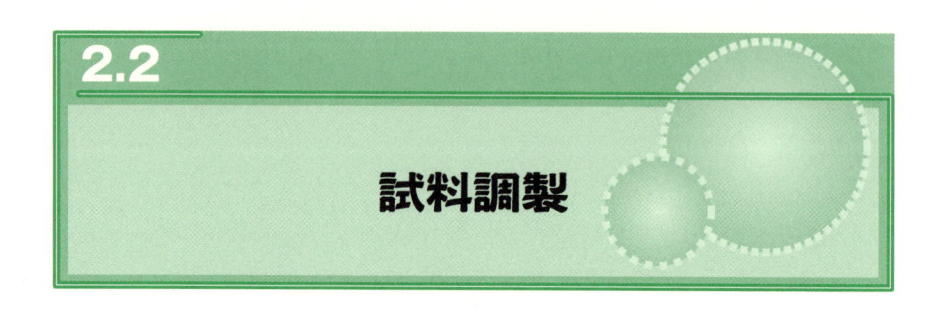

2.2 試料調製

蛍光X線分析では試料調製は通常は不要である．薬剤の調合の用語をそのまま用いるので「調製」という．「調整」ではないので注意すること．英語ではsample preparationすなわち「試料準備」という．前節では意図的に「調製」という用語を避けて「作成」，「作る」という言葉を用いたが，「調製」という用語を使用したほうがしっくりする．

ハンディー型蛍光X線分析装置では，測定したい部位にセンサー部をあてて引き金を引くだけで液晶に結果が表示される．鉱山，土壌，スクラップ集積所の合金，プラスチック製おもちゃなどに直接押し付けて測定する．プラスチック製おもちゃの場合には有害元素が含まれていないこと（基準以下であること）を確認後は，販売しなければならないのでプラスチック包装紙の上から測定する．こうした粗い測定は精度の点では蛍光X線分析の性能を充分に発揮できないので，蛍光X線分析の精度を最大限に引き出す分析が必要な場合には，試料の均一化などの前処理が必要になる．試料調製・前処理に関してはChapter 4で改めて説明する．

2.3 X線源

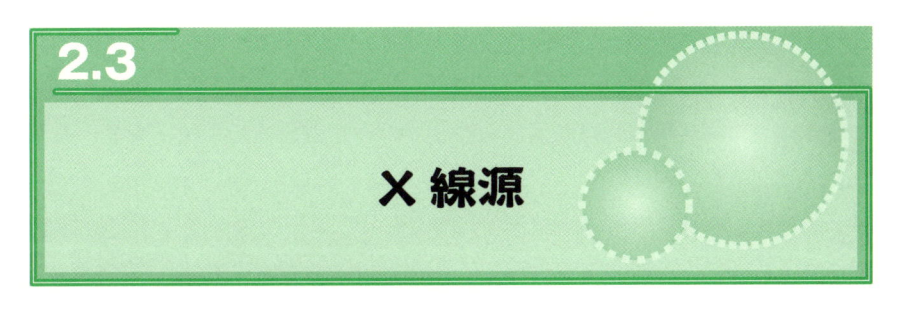

シンクロトロン放射光，回転対陰極（10 kW 以上），封入型水冷 X 線管（1〜3 kW，50 kV・30 mA 程度），強制空冷型 X 線管（50 W），自然空冷 X 線管（1〜2 W），焦電結晶 X 線源，レーザー X 線源などが用いられている．エネルギー分散型分光器の普及につれて卓上型（50 W），ハンディー型（2 W）の小型 X 線管が多く用いられるようになった．

シンクロトロン放射光は，強度は強いが，一定ではなく加速器リング内の電子が減少するにつれて徐々に弱くなり，また不安定に揺らぐので，チャンピオンデータを出したり，重要な考古学分析・文化財・鑑識などの「ここ一番の分析」に用いられる．こうした分析では，工業規格品を検定する場合とは違い，繰り返し何度も同一条件での継続的な測定が必要ないからである．

シンクロトロン放射光の特徴の中では，エネルギー可変性・偏光性・高エネルギー（100 keV），高強度，マイクロビームなどが蛍光 X 線分析にとって重要である．

回転対陰極 X 線管は，全反射蛍光 X 線分析の X 線源として使われた時期があったが，X 線強度が不安定なので現在では蛍光 X 線分析にはほとんど使われていない．電子ビームが照射されるターゲット部分が加熱されて高温になるのを防ぐため，水冷と同時に円板状ターゲットを回転させる．

レーザー X 線源と一口に呼ばれる X 線源には原理のまったく異なる 2 種類の X 線源がある．

小型のレーザー X 線管はフィラメントで熱電子を発生するかわりに，固体レーザーを金属に照射して発生する光電子を電子源とする X 線管で，ハンディー型蛍光 X 線装置にも一部で使われている．レーザポインターのような半導体レーザーが使われているのでレーザー X 線管と呼ばれる．電池の消耗

がフィラメントのX線管に比べて少ないので，1日の電池交換の頻度が少なくなり，実用化されている．

もう1つのレーザーX線源は，YAGレーザーなどのパルスビームをテープ状の金属ターゲットに照射してプラズマを生成させ，プラズマ中の電子がレーザーの電場で加速されてターゲットに衝突し発生するX線やプラズマ自体が発生するX線を用いるものである．まだ新しいX線源なのでほとんど使われていない．

1kWの封入型X線管はサイドウインドウ（側窓）型とエンドウインドウ（端窓）型が使われている．円柱状の金属の先端にX線出射窓があるエンドウインドウ型のほうがサイドウインドウ型よりも試料にX線管を近づけることができるので最近はよく使われるようになった．X線回折用のX線管は電子ビームを細く絞って点光源または線光源としているが，蛍光X線用は広い面積に照射する．kW級のX線管は波長分散型装置に用いられる．

電子の減速方向と直角方向でX線強度は最強になる．この意味で，サイドウィンドウ型のほうがエンドウィンドウ型より高強度のX線を期待できるが，電子の減速で発生するX線は連続X線である．特性X線は電子の減速方向とあまり関係なく発生し，蛍光X線励起には特性X線のほうが役に立つ．

50Wの強制空冷型X線管は，卓上型エネルギー分散装置に用いられる．

1〜5Wの自然空冷型X線管は，ハンディー型の片手で持てるピストル型蛍光X線分析装置に用いられている．これにはフィラメント式の電子源のものもレーザー電子源のものも使われている．

密閉型放射性同位元素（RI）のγ線源を蛍光X線の励起用に用いる装置は海外では多く普及しており，γ線源の強度もさまざまであるが，日本国内では持ち運びの法的制限が大きいため使われていない．卓上型，ハンディー型などの装置が多い．

焦電結晶X線源（**図2.2**）は，9Vの乾電池でペルチェ素子によってタンタル酸リチウム（$LiTaO_3$）の単結晶の温度を室温⇔100℃で変化させる（3分ごとに加熱冷却を繰り返す）と，タンタル酸リチウムの結晶面が高電圧に帯電し，低真空中の電子を加速して結晶面に衝突させてX線を発生させる．発生した2次電子が再び加速されて結晶面に衝突してX線を発生し，中和される

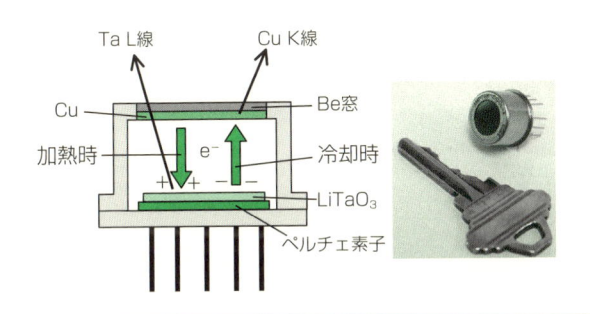

図 2.2 焦電結晶 X 線源の原理と外観

【出典】（右写真）Amptek Web ページ，www.amptek.com/coolx.html

までの数分間 X 線が発生する．X 線管内部に残留ガスが 10^{-3}〜10^{-2} Torr 残る低真空が X 線発生にとって適する．市販もされているが簡単に自作することも可能である．X 線の強度は弱く，ガイガーカウンターの校正用 RI 線源と同じ程度のカウント数である．検出器が飽和しないくらい弱いので，検出器のチェックにも使えるが，0.1% までの定量分析，予備濃縮と組み合わせれば自作蛍光 X 線分析装置でも 0.1 ppm までの蛍光 X 線分析に使える．焦電結晶 X 線源の市販品は半年程度の寿命である．一度に長時間使いすぎると寿命が短くなる．寿命は真空度の悪化が原因である．真空ポンプで引くタイプを自作すれば（図 2.3），永久的に X 線を発生させられる．

　X 線管から発生する X 線がどういうエネルギー分布になっているかをチェックしたい場合には，1 W の X 線管といえども X 線管から出る X 線をそのまま検出器に入れると飽和して，何も検出せず，X 線管が切れているのと勘違いすることがあるので注意が必要である．ガイガー・カウンターも飽和して何も検出しないので充分注意する．アクリル板を試料の位置に入れてスペクトルを測定すればアクリル板に散乱された 1 次 X 線のスペクトルが測定できる．ただし，アクリル板は軽元素でできているのでコンプトン散乱も強く，X 線管からの特性線より 1 桁強いコンプトン散乱線が現われるので特性線と見間違えないように注意する．

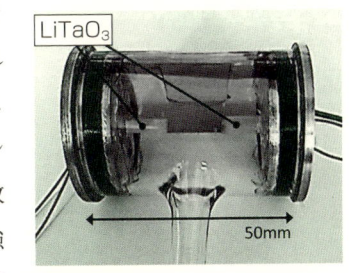

図 2.3 自作した焦電結晶 X 線管

2.4 波長分散方式とエネルギー分散方式

　波長分散型蛍光 X 線分析装置（図 2.4）は，ブラッグの式 $2d\sin\theta = n\lambda$ という関係で，波長 λ を結晶の角度 θ によって分光してゆく．WDX（Wavelength-dispersive X-ray spectrometer）または WDS と略される．d は分光結晶の面間隔，n は自然数で回折の次数を表わす．通常は $n=1$ の関係を使うが，高次（n が 2 以上）の反射も混ざるので，スペクトルの解釈が紛らわしい場合もある．装置のコンピュータには高次反射のピークもデータベースとして入っており，ピークの帰属は容易である．高次のほうが反射強度は弱くなる傾向はあるが，偶数次の反射が出なかったりするので複雑である．X 線回折では反射が出ない回折を消滅則と呼ぶ．結晶構造によって，結晶中の各原子からの散乱 X 線の位相が打ち消しあってブラッグ反射があるはずの角度でも反射しない条件

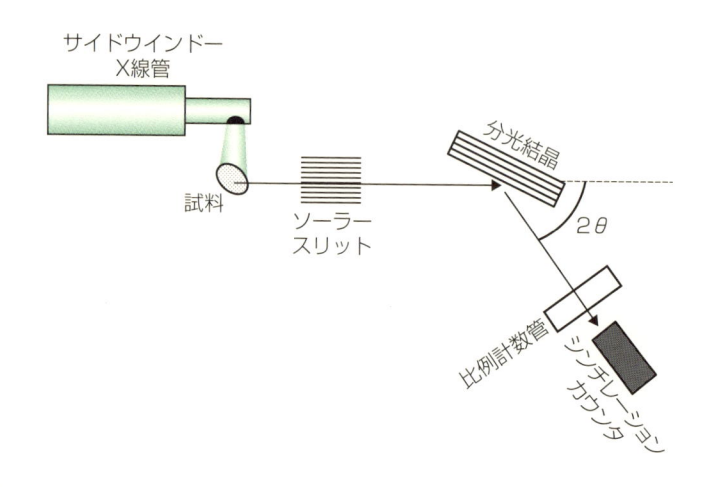

図 2.4　波長分散型蛍光 X 線分析装置

がそろう場合に消滅則が成立する．

　検出器は，エネルギー分解能があまりない比例計数管やシンチレーションカウンターが用いられるが，エスケープピークやサムピーク（2.6，2.7節）を検出器のエネルギー分解能を用いて分離する場合がある．エスケープピークもサムピークもその元素から出た蛍光X線なのでカウント数に含めるほうが効率のよい計数になるが，他元素の高次ピークが重なる場合にはサム・ピークと区別できないので，サムピークを除外するように計数回路をセットする．全自動で測定する場合には，サムピークもエスケープピークも除外するように計数回路や比例計数管電圧を設定するのが普通である．こうした条件設定は蛍光X線装置で自動的に行なわれる．

　エネルギー分散型蛍光X線分析装置（図 2.5）は，SiやGe半導体に入射したX線が，電子－正孔対をそのエネルギーによって何個発生するかによってX線のエネルギーを分光する方法である．EDX（Energy-dispersive X-ray spectrometer）またはEDSと略される．シリコンでは1対の電子・正孔対発生に3.8 eVを要するので，6 keV（半導体検出器では約6 keVのMnKα線を標準にする場合が多い）のX線がシリコン半導体に入射すると1600対の電子・正孔対が発生する．6000÷3.8＝1600だからである．実際には統計的な過程によって1600±40個くらいのガウス分布となって，エネルギー分解能が悪

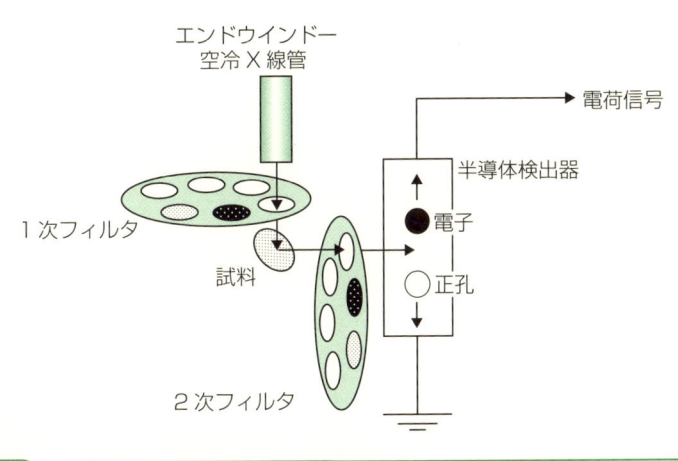

図 2.5 エネルギー分散型蛍光X線分析装置

くなる．
$\sqrt{1600}=40$ カウントの標準偏差で統計的にばらつくためである．高電圧で電子と正孔を引き離して電荷パルスとして取り出し，そのパルスを高い電気抵抗に流したときの電圧降下によってX線のエネルギーを1パルスごとに測る．X線のエネルギーは電圧パルスの高さになり，X線の強度はパルスの数になる．実際にはエネルギー保存則が成立するのでパルスの重心は6 keVではなく，最大値が6 keVになるような，高エネルギー側の立ち上がりが急峻で低エネルギー側はテールを引くような，ガウス関数を非対称にゆがめたX線スペクトルになる．低エネルギー側のテールの中にはエスケープピークもあるので，強い特性線の低エネルギー側の微量元素（原子番号が数番小さい元素）の分析は一般に感度が悪くなる．

EDXのスペクトルは装置ごとに癖がある場合が多いので，異なる装置を用いて分析しなければならない場合には，標準試料を測定して，縦軸を対数プロットして装置ごとの違いを比較しておくとよい．

2.5 トレース・アナリシス，マイクロ・アナリシス

前節で説明したように蛍光X線分析には，エネルギー分散方式（EDX, EDS）と波長分散方式（WDX, WDS）とがある．エネルギー分散方式ではSi検出器（Si-PINやSDDと呼ばれる）を分光と検出の両方の目的で用いる．Si検出器の分解能はMn$K\alpha$線で約160 eVなので，主成分の分析線の近くの微量成分の検出は難しい．全体量が少ない試料，たとえば砂粒1粒の蛍光X線を効率よく検出することはEDXでは得意である．波長分散方式では，全体量が少ない場合には不得意であるが，低濃度の試料がサンプルホルダーを満たすだけある場合の測定には高精度な分析結果が得られるので有利である．試料の全

Chapter 2 蛍光 X 線分析—詳しい説明—

表 2.1 EDS と WDS の得意な分析

	トレース・アナリシス	マイクロ・アナリシス
EDS	△	◎
WDS	◎	△

体量が少ない分析をマイクロ・アナリシスと呼び，低濃度分析をトレース・アナリシスと呼ぶ．まとめると**表 2.1** のようになる．

　工程管理分析のように，試料量が必要なだけ充分に入手できる分析の場合には，EDX よりも WDX のほうがより微量分析ができ，なおかつ，測定精度もよりよいという特徴を生かすことができる．多元素同時（迅速）分析が必要な場合でも，分析元素の数だけ WDX 分光器を併設した多元素同時分析の専用装置を用いる場合が多い．一方 EDX は，半導体検出器自体の特性に個体差が大きいこと，経時変化が数時間・数ヶ月・数年の単位でそれぞれあること，冷却のために不安定である．EDX はスペクトルの再現性にこのような問題があるため，工程管理分析には不利である．しかし最近は，液体窒素を必要としない検出器が出現したことによって簡易に分析できるため，救命救急病院，金属スクラップ取引，不動産評価などに至るまで1台で多様な用途に対応できるという特徴がある．

　トレース・アナリシスとマイクロ・アナリシスの関係を図で表わすと**図 2.6** のようになる．

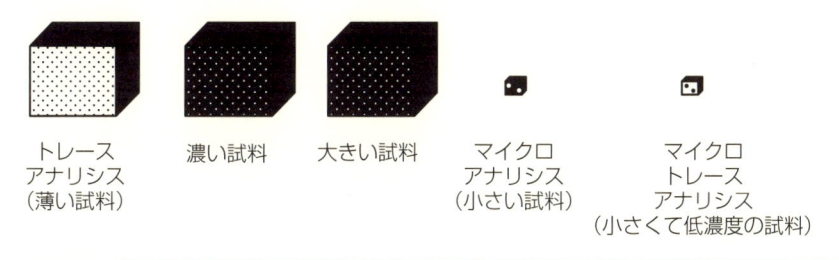

トレース
アナリシス
（薄い試料）　　濃い試料　　大きい試料　　マイクロ
アナリシス
（小さい試料）　　マイクロ
トレース
アナリシス
（小さくて低濃度の試料）

図 2.6 トレース・アナリシス，マイクロ・アナリシス，マイクロ・トレース・アナリシスの概念

2.6 検出器

　波長分散型装置の検出器は上述したように，比例計数管とシンチレーションカウンターが使われる．

　比例計数管ではX線が入射すると比例計数管の中を流れるアルゴンガスがイオン化され，電子－イオン対が生成しガス増幅によって電気パルスが発生する．アルゴンガスにX線が入射するとアルゴンのKα X線を発生させる場合もあるので，電気パルスからアルゴンのKα線のエネルギー約3.0 keVだけエネルギーが比例計数管の外へ逃げる．このときには，Ar Kα線のエネルギー分だけ電圧の低いパルスが発生する．これが**エスケープピーク**である．通常はPRガスと呼ばれるアルゴンにメタンを10%混合させたガスを流す．PRガスのPRとは「比例」のproportionalの最初の2文字である．比例計数管は軽元素（遷移金属以下の原子番号）の検出に用いる．アルゴンガスは軟X線をよく吸収するが，エネルギーの高い硬X線は透過するので，比例計数管の後ろにも窓を開けておいて比例計数管を透過した高いエネルギーのX線はシンチレーションカウンターで検出する．比例計数管の窓材は数マイクロ・メートル厚のマイラ膜にアルミニウムを蒸着したものを用いる．まれに破れることがあるので，その場合は交換が必要である．高電圧は1700 V程度の電圧をかける．2θをスキャンするのに連動して比例計数管電圧が変化するようになっている．

　シンチレーションカウンターは，X線が入射すると発光する材料（NaIなど）と光電子増倍管を組み合わせた構造をしている．光電子増倍管は約900 Vの電圧をかけた真空管で，光が入射すると電子が発生し，それが10個の電極で増倍されて電気パルスが発生する．真空管であるため劣化するので，電圧を少しずつ上昇させ，限界に達したら交換する．最近は半導体型可視光検出素子

Chapter 2 蛍光X線分析—詳しい説明—

を用いることが多くなった．CMOS（USBカメラ）は遮光すればX線が検出できる．

SSD（Solid State Detector，半導体検出器）はLiを拡散させたSiや純Siを検出に使うもので，エネルギー分散型装置に用いる．LiをドープしたSSD検出器は常に液体窒素で冷却しておく必要がある．純SiのSSDは使用時に液体窒素で冷却する必要がある．充分低温まで冷却するためには，使用する30分以上前に液体窒素を補給する必要がある．検出器によっては1日前に液体窒素を補給しなければならないものもある．温度が変動すると横軸（エネルギー値）が一定しないことがある．低温で測定するのは，熱雑音の低減とエネルギー分解能の向上のためである．SSD内部は真空に引かれて出荷されているが，10年程度使うと真空が悪くなり，高電圧をかけてゆくと通常より低い電圧で放電したり，液体窒素の持続時間が短くなるので，業者に真空引きを依頼する必要がある．液体窒素を補給したときに検出器付近に水滴がつくようになれば，真空悪化が疑われる．

SSDは最近では特殊な用途以外では使われなくなった．半導体の層が厚いので感度がよいこと，液体窒素温度なので雑音が低いために高感度測定に向いているが，積分カウント数で10000 cps（カウント・パー・セカンド；1秒あたりのカウント数）で飽和して検出できなくなるので，たいていの用途には，後述するSi-PINやSDDを用いたほうがよい．Ge-SSDは高エネルギーX線の検出に使われる．

Si-PINフォトダイオード検出器は掌（てのひら）に載るほど小型の半導体検出器で，冷却はペルチェ素子で$-20°C$くらいまで冷却する．半導体が薄いので感度はそれほどよくない．10000 cps程度で飽和することはSSDと同じである．25 keV以上になると薄いSiの結晶をX線が透過してしまうので検出効率は下がる．検出素子とプリアンプおよびデジタル・シグナル・プロセッサ（DSP）が一体化し，USB端子でWindowsコンピュータにつなぐだけでX線スペクトルが測定できる．バイアス電圧は数十V程度で低い．

SDDはSilicon Drift Detectorの略で，日本語でもシリコン・ドリフト検出器と呼ぶ．SSDと基本的には同じであるが素子の形状に工夫があり，高い計数率でも測定でき，100万cpsのX線を入射させても飽和しない．バイアス電圧はSi-PINと同様に低く，ペルチェ素子で冷却する．形状はSi-PINとほとん

ど同じで，デジタル・シグナル・プロセッサで測定スペクトルをデジタル化し，USB 端子で直接コンピュータに取り込む．

Cd-Te 検出器は，冷却も不要で，100 V 程度のバイアス電圧をかければ，Si-PIN などと同様に使うことができる．30 keV 以上の高エネルギーの X 線計測に効率がよい．

デジタル・シグナル・プロセッサ（DSP）は，基本的にデジタル・オシロスコープである．X 線が電気パルスになった後に時間－電圧パルスをその形のままリアルタイムでデジタル化し，信号処理を行なってノイズ除去，パイルアップ除去，スムージングなどをコンピュータの中のソフトウエアでできるようにデジタルデータへ変換する．従来のアナログによる X 線計数では，微分回路や積分回路などを使いこなして X 線パルスの波形を成型し，その後にデジタル化するものであったが，検出器から出た生の電圧変化をそのままデジタル化してしまえば，より扱いやすい．音楽用のデジタル・アンプを X 線の計測に用いることもできる（図 2.7）．

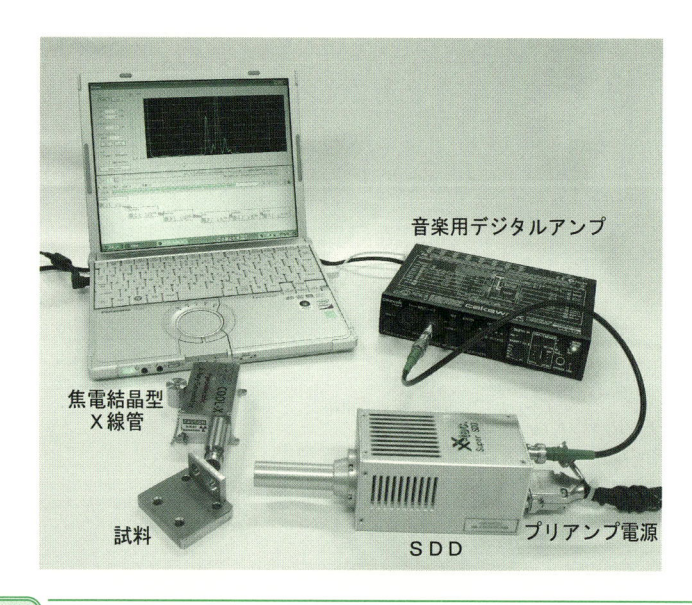

図 2.7　音楽用デジタルアンプによる蛍光 X 線計測

2.7 パイルアップ，サムピーク，エスケープピーク

　パイルアップは，X線のパルスが**図2.8** a のように連続して発生した場合に，エネルギーがその和となって観測されるものである．その結果としてサムピークがスペクトルに現われる（図2.8 b）．

　エスケープピークは，先述（2.6節）したように検出器を構成する元素もまた入射X線によって励起されるために，たとえばSi検出器の場合にはSiのKα線のエネルギーが検出器から逃げるので，その分だけエネルギーが低い位置にピークが出る（**図2.9**）．Siの吸収端のエネルギー1840 eVだけずれるのではなく，Si Kα線のエネルギー1740 eVの分だけ低エネルギー側へずれることに注意する．

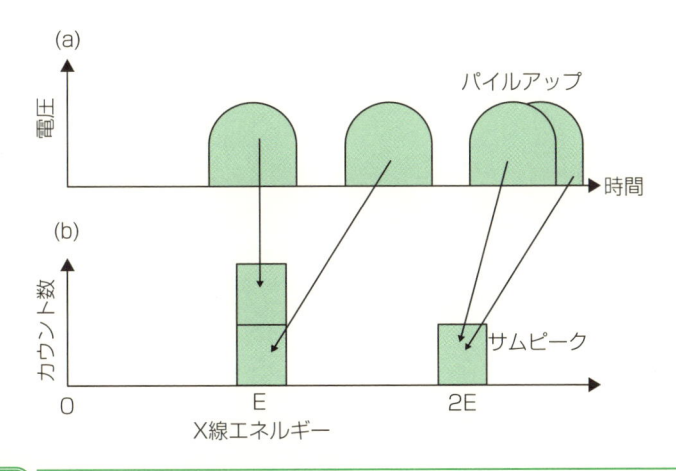

図2.8 パイルアップとサムピークの関係

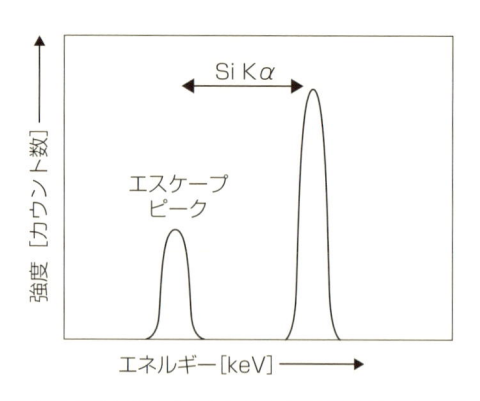

図 2.9　エスケープピーク

2.8 フィルター

　1次フィルターはX線管と試料の間，2次フィルターは試料と検出器の間に入れる金属薄膜である．フィルターはエネルギー分散型蛍光X線装置で使われる場合が多い．1次フィルターはバックグラウンドを低く押さえるためのもので，目的元素の蛍光X線スペクトルピークを強調し，検出下限を下げる目的で使用される．1次フィルターがない場合には測定できないピークでも，1次フィルターを入れることによって観測できるようになる（**図 2.10**）．この図は，Zrフィルターを入れない場合には水溶液中の 1000 ppm Cd は検出できないが，1次フィルターとしてZrを入れるとCdが測定可能になることを示したものである．フィルターなしでは，Rh Kβ 線の影響で Cd Kα ピークを検出できないが，フィルターを使用するとRhの固有X線を低減することで検出可能になる．

　1次フィルターの材質と厚さに関しては，各メーカーのノウハウがあるので

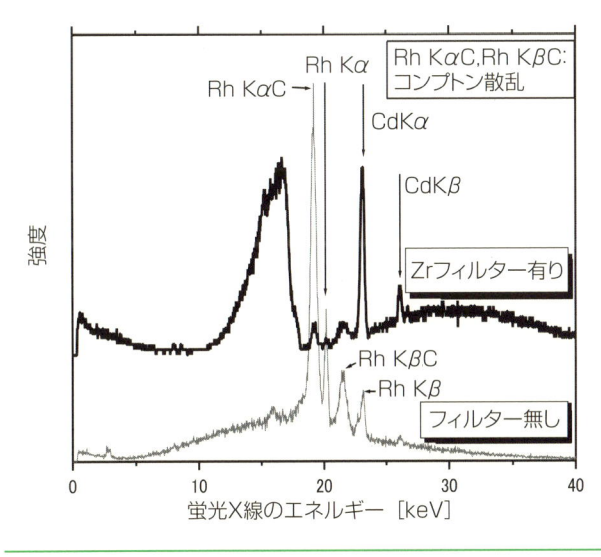

Chapter 2 蛍光 X 線分析―詳しい説明―

図 2.10 カドミウム 1000 ppm 水溶液の Rh X 線管による測定（Zr フィルター有り無しの比較）

詳細は明らかにされていないが，ハンディー装置では，測定中に時々カチッとフィルターが切り替わる音がする．

1 次フィルターには Zr，Al，Ti，Ni，ポリマーなどが使われる．卓上型蛍光 X 線分析装置では装置の分析条件設定画面で 1 次フィルターの種類を選択すれば，1 次フィルターの効果を補正した定量値が自動的に得られる．使用する 1 次フィルターの種類は分析目的元素と分析線によって異なり，カットしたい固有 X 線よりわずかに低エネルギー側に吸収端を持つ金属をフィルターに選ぶ．たとえば，Cd と Zn の分析には Zr，Fe の分析には Ti を一次フィルターとして用いる．

光学的にはフィルターはどこに入れてもよいので，2 次フィルターと 1 次フィルターとは区別がないはずであるが，試料からの強い X 線を除去するために 2 次フィルターは有効である．1 次フィルターは X 線管からの X 線を除去するために有効である．どちらでもよい場合もある．2 次フィルターは検出器の窓の前に入れるので，試料粉末や液滴が飛散したとき，その汚染から検出器の窓を保護する目的も大きい．

2.9 全反射蛍光 X 線

　全反射蛍光 X 線分析装置は，通常の蛍光 X 線分析装置とは違い，水溶液中の微量元素を分析する方法で，ICP-AES（誘導結合プラズマ発光分析）や原子吸光分光分析と使用方法がよく似ている．TXRF (Total reflection X-ray fluorescence，ティーエックスアールエフ）と呼ばれる．軽量のポータブル装置ほど感度がよく，シンクロトロン放射光を励起に使うよりも一般に高感度である．10 μL の液量でその液に含まれる 1 pg の遷移金属（濃度で 1ppb）まで分析できる．設置や測定が簡単，ICP で必要なアルゴンガスや原子吸光のアセチレンガスが不要，全元素同時分析ができるなど，ICP 分析法に比較して長所が多い．軽元素（たとえば Li）を測定したいなどの特殊な用途以外は水溶液中の微量重金属分析では，卓上 TXRF が多く使われるようになった．

2.10 偏光蛍光 X 線

　X 線管からの 1 次 X 線を金属に照射し，その金属から放射された 2 次 X 線を用いる方法を 2 次ターゲット法と呼ぶ．X 線管の中で電子線に照射されるターゲットが 1 次ターゲットである．2 次ターゲットから発生するのは蛍光 X 線なので，X 線管からの X 線に比べて連続 X 線の割合が減衰し，単色 X 線に近い励起源となる．

Chapter 2 蛍光X線分析—詳しい説明—

　図 2.11 に示すように 45°方向で 2 次ターゲットからの蛍光 X 線を取り出すと，偏光度が高くなる．このように偏光した X 線を試料に照射したとき，90°方向から蛍光 X 線を観測すると，入射 X 線は検出器方向には散乱されないのでバックグラウンドが低減し，ppb までの検出が可能となる．これを偏光光学系と呼ぶ．偏光光学系を効率よく用いるためには Kα 線を測定する必要がある．L 線を測定すると L 線の発生方向も偏光するので検出器方向へ発光する割合が減少するからである．Kα 線を励起するために高いエネルギーの X 線管を用いる必要がある．

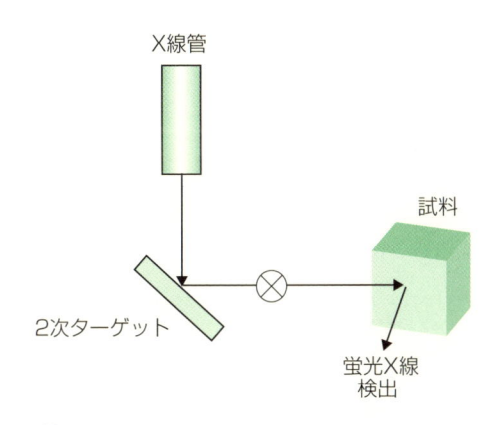

図 2.11 偏光光学系蛍光 X 線の原理

2.11 スペクトル線の意味

表2.2にスペクトルの意味を示した．ここでL，Mなどの記号はChapter 1，表1.1で説明したものであるが，L殻はL_1，L_2，L_3に分裂し，L_1は2s軌道，L_2とL_3は2p軌道に相当する．M_1は3s軌道，M_2，M_3は3p軌道，M_4，M_5は3d軌道を表わす．大文字のK，L，Mは電子が1個電離した状態を表わすことに注意する．K–L_3は$1s^{-1} \to 2p^{-1}$という空孔遷移に相当する．電子遷移で表わせば2p→1sと同じ意味である．電気双極子遷移では，たとえば2s→1sという遷移は生じない．

表2.2 スペクトル線の意味

スペクトル線	Kα_1	Kα_2	Kβ_1	Lα_1	Lα_2	Lβ_1	Lγ_1
遷移	K–L_3	K–L_2	K–M_3	L_3–M_5	L_3–M_4	L_2–M_4	L_3–M_5

スペクトル線	Mα_1	Mα_2	Mβ
遷移	M_5–N_7	M_5–N_6	M_4–N_6

2.12 スペクトルの強度比

$K\alpha_1:K\alpha_2$ というスペクトルの強度比は，水素原子型の原子を仮定すると，厳密に 2：1 という強度比を得ることができる．これは統計重率の比である．この計算のためには，スピンと角運動量を含んだ量子力学的計算が必要となるので，2：1 を計算で出すためには大学の物理学科を卒業したくらいの計算力では無理であろう．これに対して $K\alpha$ 線と $K\beta$ 線の強度比は，整数比にはならず，波動関数の重なり具合によって変化し，コンピュータで計算してみなければわからない．$K\alpha$ 線に比べて $K\beta$ 線はおおよそ 1/10 の強度である．$K\beta_1$ 線と $K\beta_3$ 線は再び整数比で表わされ，2：1 である（**表 2.3**）．

$L\alpha_1:L\alpha_2:L\beta_1=9:1:5$ も同様に厳密に整数比で表わされる．$L\alpha$ 線は $L\alpha_1$ 線と $L\alpha_2$ 線とからなるので，$L\alpha:L\beta=2:1$ が得られる．また**図 2.12** に示すように非常に高い分解能で精密に測定すると，$L\alpha_1:L\beta_1=9:5$ に近くなる．しかし，実際には X 線管の管電圧，分光器の分解能，金属試料表面の平滑度，粉体の場合には粒径によっても強度が変化するので，**図 2.13** に示すように，通常は見かけの強度は $L\alpha:L\beta=1:1$ となる．したがって**表 2.4** の強度比は理論的，高エネルギー分解能で測定した場合である．強度比が分光器の分解能によって変化するのは，近隣の弱いピークを分離できるかどうかによる．**図 2.14** は Cs，W，Au の L 線を測定したスペクトルであるが，近隣のスペクト

表 2.3 K 系列 X 線強度比

$K\alpha_{1,2}$	$K\alpha_1$	$K\alpha_2$	$K\beta_{1,3}$	$K\beta_1$	$K\beta_3$
150	100	50	15	10	5

K 系列 （$K\alpha_1=100$）

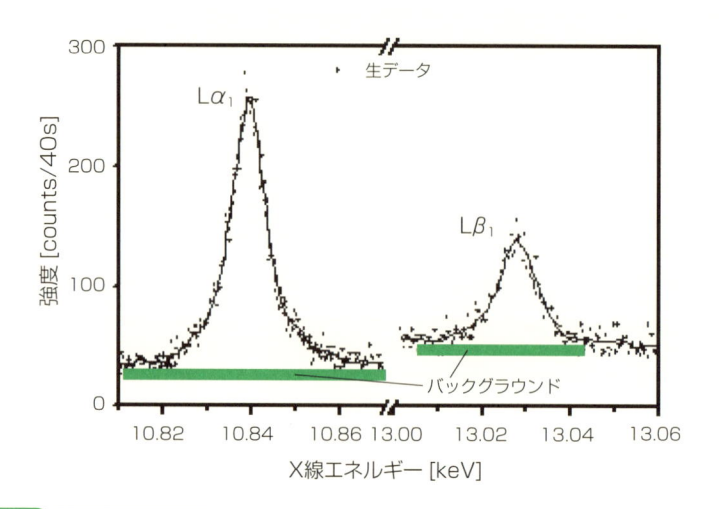

図 2.12　Bi の蛍光 X 線スペクトル（Lα：Lβ強度比は約 2：1）

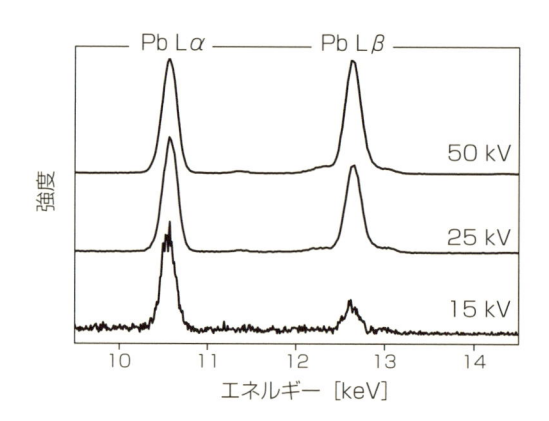

図 2.13　Pb Lα：Lβ強度比の Rh X 線管電圧依存性（50 kV のときほぼ 1：1 になる．）

Chapter 2 蛍光 X 線分析―詳しい説明―

表 2.4　L 系列 X 線強度比

L$\alpha_{1,2}$	Lα_1	Lα_2	Lβ_1	Lβ_2
100	90	10	50	20

L 系列（Lα_1=100）

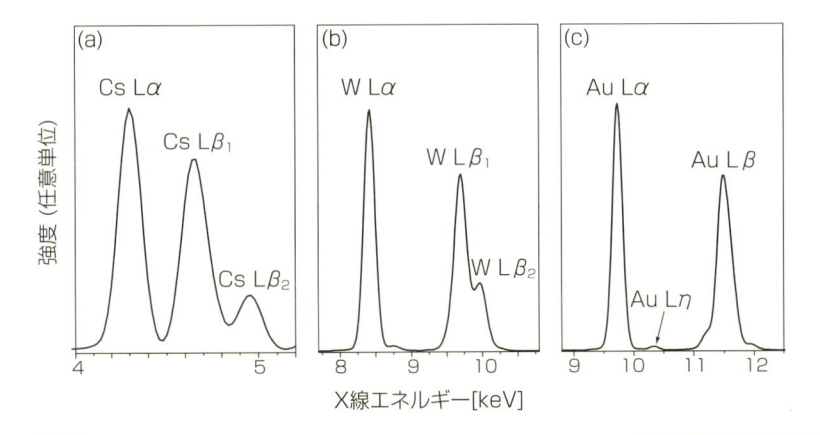

図 2.14　近隣の Lβ_2 線の位置の元素による変化

ル線の重なり方が元素によって変化することがわかる．原子番号の増大につれて一定の傾向で変化しているように見えるが，図 2.15 に示すように，L 線のエネルギーは原子番号につれて他の線を横切ったりするので複雑である．

X 線管の励起電圧によって強度比が変化するのは，L_2 と L_3 電子の電離確率が入射 X 線のエネルギー分布によって変化するからである．試料表面の平滑さや粒度によって変化するのは，Lα と Lβ が表面の凸凹によって自己吸収される割合が変わるからである．

このようにスペクトルの強度比が実験条件によって変化するため，装置に組み込まれた定量分析プログラムを使う場合には，指定されたスリット，X 線管電圧などを所定の装置定数にして分析すべきである．

一方，Kα 線と Kβ 線の強度比，Kα 線と Lα 線の強度比は，理論的に厳密な計算は不可能である．波動関数を用いて近似的な計算しかできないが，強度の計算精度はあまり高くない．大雑把な経験則では，Kα に比べて Kβ や Lα は

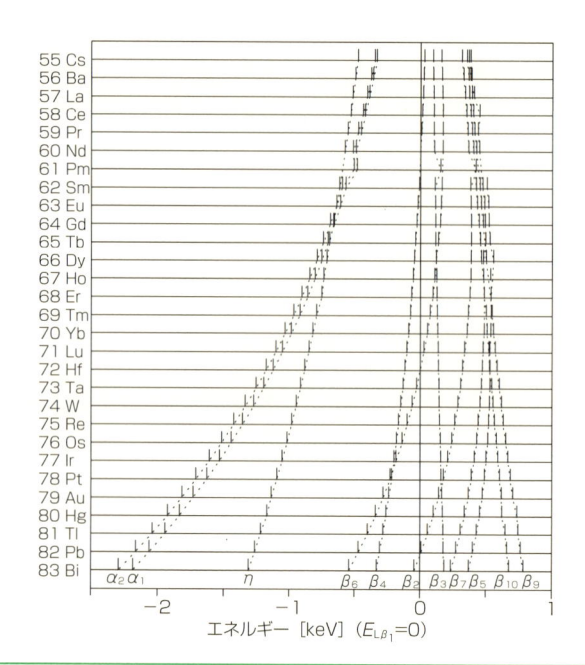

図 2.15 原子番号の変化による L 線のエネルギー位置の変化

約1桁弱い．

定性分析では，$K\alpha_{1,2}$ と $K\beta$ という特徴的なパターンを見つけると元素を決めやすい．L線の場合には $L\alpha$, β, γ の3本の決まったパターンを見つけると元素を決めやすい．これらはコンピュータで自動的に行なわれる．

M系列の大ざっぱな強度比を**表 2.5** に示す．

表 2.5 M系列X線強度比

$M\alpha_1$	$M\alpha_2$	$M\beta$	$M\gamma$
100	100	60	5

M系列（$M\alpha_1=100$）

2.13 化学状態分析

　図 2.16 は 1 結晶分光器で測定した Si Kβ 線スペクトルの化学結合効果である．隣接元素が C，N，O，Si と変化するにつれて低エネルギー側のサテライト Kβ' 線の位置と強度が変化する．立体構造によっても新しい線が出現したり消滅したりするので，測定元素の周囲の化学環境を推定するのに役立つ．サテライト線とは出現原因がよくわからないスペクトル線一般を指す用語で，図 2.16 の場合には分子軌道分裂が原因である．

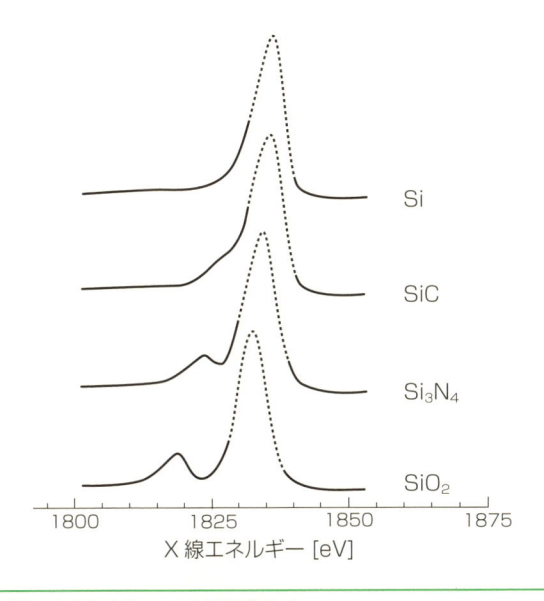

図 2.16　各種ケイ素化合物の Kβ 線形状変化

【出典】RIGAKU APPLICATION REPORT, No. XRF 54, www.rigaku.co.jp/app/reportlist/

図 2.17 は強い Kα 線の低エネルギー側の微細スペクトルである．X 線吸収スペクトルと類似の形状が観測され，EXEFS（X 線発光微細構造）と呼ばれる．

化学状態分析は，ピークのシフト，弱い線の出現などのスペクトル形状の変化を用いるので，その解釈は複雑で，個別に文献を参照するのがよいが，まとまった総説はない．「X 線分析の進歩」誌に化学状態分析の例が多く報告されている．

図 2.16 や 2.17 のスペクトル測定は 1 スペクトル 10 分以内で測定可能である．

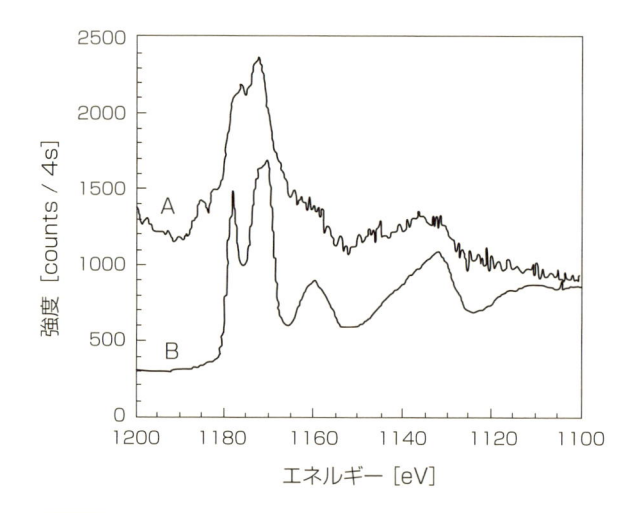

図 2.17　(A) MgO Mg Kα 線の低エネルギー側スペクトル（EXEFS）と (B) シンクロトロン放射光で測定した真の X 線吸収スペクトル（EXAFS）の比較

2.14 スリット

　波長分散型蛍光X線分析装置では，ブラッグ結晶と検出器の前にソーラ(Soller)スリットと呼ばれるスリットが設置されている．ソーラは人名．ソーラスリットは，Fine（細），中，Coarse（粗）など3段階をコンピュータ画面で切り替えることができる．強いスペクトル線のそばの弱い線を使って分析する場合はFineを使う．低濃度の元素を分析する場合にはCoarseを使う．Fineを使うと分解能はよくなるが，トレードオフとして強度は弱くなる．Coarseを使うと逆になる．前節の化学状態分析を行なう場合にはFineスリットを用いる．

　ハンディー装置でも検出器の前にスリットが入っており，スリットの材質に使われているZrなどのスペクトルが現われるので注意する．

2.15 X線スペクトル

　蛍光X線スペクトルには，連続X線，特性X線，レーリー散乱，トムソン散乱，コンプトン散乱，ラマン散乱，などのスペクトル成分が現われる．

　連続X線は，X線管の中で電子が制動放射することによって生じる連続なX線である．それが試料に散乱されて蛍光X線スペクトル中に現われる．たとえば50 kVで加速された電子がX線管の中のタングステン金属ターゲット

に衝突する場合を考える．電子の全運動エネルギーが1回の衝突でX線のエネルギーに変換されるとすると，50 keVのエネルギーをもった光子が1個放出される．何回も金属原子と衝突しながらエネルギーを失う場合には，少しずつ光子に変換される．電子のエネルギーがこのように光子のエネルギーに変換されるのはまれで，99%以上のエネルギーは最終的に熱に変換される．電子の運動エネルギーを最大として，それ以下のエネルギーの光子が，赤外・ラジオ波まで連続的に発生するのが連続X線である．蛍光X線スペクトルに現われる連続X線はX線管の連続X線に比べて無視できるほど弱い．このように連続バックグラウンドがなくなることが蛍光X線分析の特徴であり，高い精度で分析できる理由である．電子ビームを用いてX線分析する方法にはEPMAがあるが，バックグラウンドが高いので精度も感度も蛍光X線には及ばない．EPMAが用いられる理由は μm 領域の分析ができるからである．

散乱によってX線管の連続X線が混ざる以外にも，蛍光X線スペクトルの中には，試料から発生した連続X線が弱いながらも混ざる．これは入射X線によって電離した電子が固体中で減速しながらX線を発生するからである．

連続X線の効果は蛍光X線分析ではほとんど無視してよい．

特性X線スペクトルはKαやLα線のような元素に特有なスペクトル成分を指す．

レーリー (Rayleigh) 散乱は波長に比べて小さい粒子による散乱．トムソン (Thomson) 散乱は長波長の光の自由電子による散乱．あまり厳密には用語が使われていないが，X線管の特性X線が試料でエネルギーも位相も変化せず弾性散乱される場合をトムソン散乱と言ったりレーリー散乱と言ったりする．X線回折で回折されるX線を意味する．

コンプトン散乱は，X線管の特性X線が試料中の軽元素に散乱されたとき，試料中の自由電子にエネルギーを奪われて非弾性散乱されるX線である．X線管の特性線よりエネルギーが低くなる．観測角度によってエネルギーが変化するが，蛍光X線分析装置ではX線管－試料－検出器の角度は固定されているので，エネルギーは変化しない．軽元素からなる試料では，コンプトン散乱強度は特性X線ピークより強くなる．また，コンプトン散乱ピークは幅が広い．図2.10でRh KαCやKβCと表示したピークがそれぞれRh管から放射さ

れた Kα 線と Kβ 線が水溶液で散乱されたコンプトン散乱ピークである．もとの Rh 管の Kα 線や Kβ 線より強いことに注意する．ろ紙や水溶液試料は，紙や水が軽元素なのでコンプトン散乱ピークが強い．

2.16 本章のまとめ

　蛍光 X 線とひとくくりにされる分析法にも，ハンディー，卓上，大型の装置や，全反射，偏光など多様な装置があり，それぞれに適した用途がある．波長分散装置は全元素スキャンに数十分を必要とするので，ハンディー装置で分析できる分析を据置型波長分散装置で行なうことは時間の無駄である．全反射装置は ICP-AES と同じ用途であり，間違った目的に使わないように注意すべきである．本節で述べた内容を完全に理解するためにはさまざまな基礎知識が必要となるので，あまり完全主義的に理解しようとする必要はない．分析していて問題が生じたときに，インターネットで検索するキーワードを探すために本章の関連部分を参照するのがよいであろう．

Chapter 3
定性・定量分析

蛍光X線分析装置の中にあるコンピュータの中で，どのように定量分析を行っているかという原理を述べる．定量分析法の定石についても触れたが，通常は本章で述べた内容は知らなくてもよい高度な内容である．通常は数式がいっぱい出てくる内容であるが，数式は一切使わないで説明する．

3.1 スペクトル線の重なり

蛍光X線分析による定量分析は構成元素の蛍光X線ピークの強度を基にして行なうが，定量分析に用いる蛍光X線ピークが他の元素の蛍光X線ピークと重なることがある．問題となるスペクトル線の重なりには，たとえば以下のようなものがある．

- 鉛の$L\alpha$線（10.55 keV）＝ヒ素の$K\alpha$線（10.54 keV） (3.1)
- 鉛の$L\beta$線（12.61 keV）＝鉄の$(K\alpha+K\alpha)$サムピーク（12.81 keV） (3.2)

これらは環境分析で注意すべき元素（As, Pb）とありふれた元素（Fe）の蛍光X線ピークが重なる例である．サムピークの意味については2.7節で述べたが，ここでもう一度まとめておく．

土壌に含まれる鉛とヒ素を分析しようとする場合，土壌には鉄分が多く含まれているので，Fe $K\alpha$線の強度は強い．EDXで測定する場合，検出器にFe $K\alpha$線のX線光子が2個同時に入射する場合がある．そうすると2倍のX線エネルギーの光子が1個入射したのか，2個のX線光子が入射したのか区別がつかなくなる．2個のX線光子が同時入射したことによって，その和のエネルギーに1個の信号が出る現象をサムピークと呼ぶ．2つの電気信号が重なるのでパイルアップとも呼ばれる．検出器の応答時間がわかれば，$K\alpha$線の信号頻度からサムピークの強度が理論的に計算可能である．

そこで式（3.2）により，Pb $L\beta$線の位置の強度は，Fe $K\alpha$線のサムピークとPbの真の$L\beta$線の強度の和であるから，サムピークの強度を引くと，真のPb $L\beta$線の強度が求まる．

X線管とその加速電圧および用いるX線検出器に応じて，観測できるPb $L\alpha$

線と Lβ 線強度比は決まってくる．たとえば Lα : Lβ 強度比が 2:1 とすると，真の Lβ 強度を 2 倍した強度が真の Pb Lα 強度である．実測された Pb Lα 強度は，式（3.1）によって As Kα も混ざっているので，Pb の分を引いた残りが真の As Kα 強度となる．このようにして，見かけ上は重なっていた鉄，鉛，ヒ素の真の X 線強度がそれぞれ求まるので，X 線のカウント数を元素濃度に換算すれば，元素の定性（元素の種類）と定量（元素の含有量）の分析結果を得ることができる．他にも「鉄－鉛－ヒ素」のような重なる組合せがいろいろあるが，その組合せがすべてコンピュータにデータベースとして登録されているので，元素分析が可能となる．

2.11 節で述べたように Lα : Lβ 強度比は X 線管電圧などの実験条件によっても変化するので，定量分析の際には決められた実験条件に設定して分析することが重要である．

3.2 蛍光 X 線強度の理論

X 線が試料に入射し，試料内で減衰しながら分析場所まで到達する．到達した X 線はそのエネルギーと分析元素に応じた電離断面積で，原子をイオン化し，内殻空孔が生成する．その内殻空孔を埋めるために，一定の確率で外殻電子が遷移して蛍光 X 線が発生する．発生した蛍光 X 線は，試料から脱出して検出器まで届くはずであるが，その間に試料中の他の元素を励起して消滅したり，別の元素の蛍光 X 線に変換される．図 3.1 にこの一連の過程を計算するための幾何学的な関係を示す．分析位置を試料内全域で動かして計算する必要があり，また入射 X 線のエネルギーは単色ではなく，X 線管から発生する連続 X 線とターゲット金属の特性 X 線を含んだ複雑な強度分布の入射 X 線について積分する必要がある．また試料に含まれる全元素のその X 線波長に対す

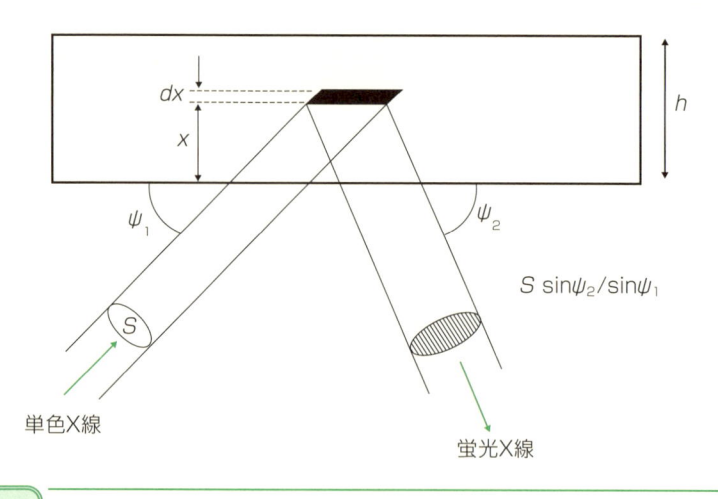

図 3.1　蛍光 X 線理論強度計算のための模式図

るイオン化確率，蛍光 X 線放射確率，$K\alpha$ 線が発生したり $L\alpha_1$ 線，$L\alpha_2$ 線，$L\beta$ 線への変換割合をすべて考慮した計算が必要になる．これらの物理定数をまとめてファンダメンタル・パラメータ（基礎物理定数）と呼ぶ．図 3.1 では発生した蛍光 X 線が試料内で吸収される効果だけを説明してある．入射 X 線は他の元素を励起して，それによって発生する蛍光 X 線が 2 次的に試料内で目的元素を励起する場合も考慮しなければならない．このような高次の効果を，2 次，3 次，4 次…と高次項まで計算して結果に含めなければならない．元素組成を仮定すれば，ファンダメンタル・パラメータと蛍光 X 線装置の幾何学関係を使って蛍光 X 線スペクトルを計算することができる．計算によって得られた蛍光 X 線スペクトルと，実測した蛍光 X 線スペクトルを比較すると，実際の試料では濃度がはっきりわかっているわけではないので，ずれが生じ，そのずれを補正するように何度も繰り返して最終的に実測スペクトルと理論スペクトルが一致するようになったときの元素濃度が求める定量値となる．このような計算で用いる実測スペクトルでは，検出器感度のエネルギー依存性を含んでいるので，そういう効果も補正して一致度を見なければならない．

　図 3.2 には他元素による励起・吸収の効果を示した．Chapter 1 で説明したように，これをマトリックス効果と呼ぶ．励起効果や吸収効果がある場合に，

濃度と蛍光 X 線強度の関係がどうなるかという模式図を**図 3.3** に示した．FeMn 合金中の Mn は Fe の蛍光 X 線を吸収することもできないし，Mn から出る蛍光 X 線が Fe を励起することもできないので，Fe 濃度と蛍光 X 線強度とは直線関係になる．一方 Cr のような Fe より 2 番以上原子番号が小さい元素との合金では，吸収効果が顕著となる．逆に Zn などが共存すると励起効果（強調効果ともいう）が顕著になる．

　基礎物理定数によって蛍光 X 線強度を計算する方法をファンダメンタル・パラメータ（FP）法と呼ぶ．FP 法では幾何学配置や検出器の効率などがわかっていれば，標準試料なしで絶対定量分析が可能である．もちろん，特性 X 線のすべてのピークを帰属すれば，全元素分析も可能である．ただし軽元素が観測できないので，コンプトンピークの強さで軽元素濃度を代替させる．

　このように標準試料との比較なしで絶対定量分析が蛍光 X 線分析では理論上は可能であるが，通常は標準試料を測定して経験的なパラメータを使って FP 法で計算させる．たとえば，X 線管から放射される絶対的な X 線スペクトルを知ることは難しいし，検出器の効率をちゃんと調べることも難しい．したがって，標準試料を測定して，これらの実験パラメータを含んだ実効的な物理量を FP として用いる．

　$L\alpha:L\beta$ 強度比や $K\alpha:K\beta$ 強度比は化合物の酸化数や試料の表面粗さによっ

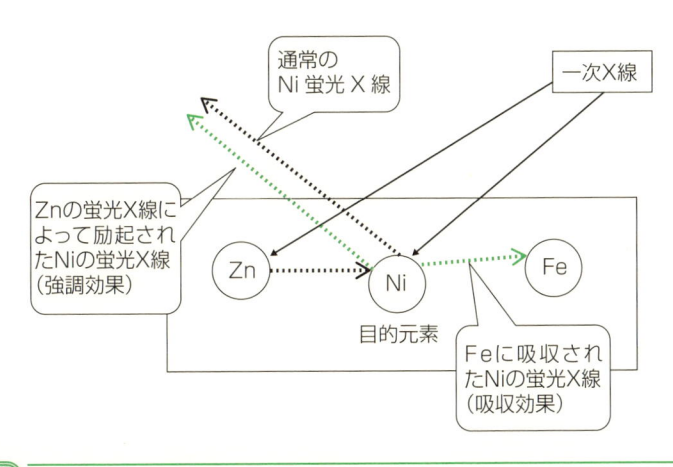

図 3.2　他元素による励起効果・吸収効果

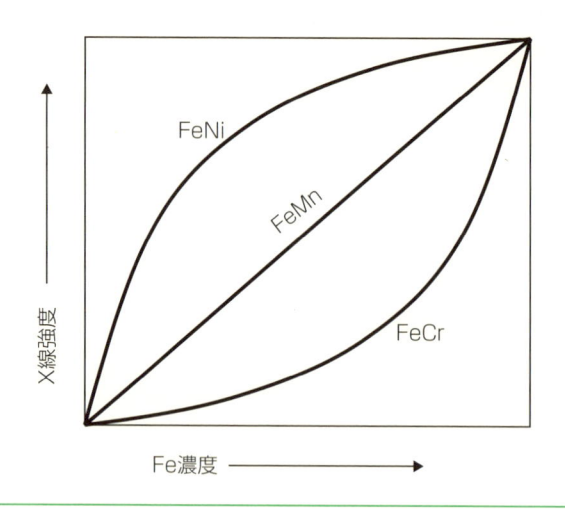

図 3.3 共存元素による濃度と蛍光 X 線強度の関係の模式図

ても変化する．しかし，これらの強度比は元素で一定だとして計算するのが FP 法である．前章で Lα : Lβ 強度比が X 線管電圧や分光器のスリット幅で変化することを述べた．したがって，定量分析する際には，装置のマニュアルにある装置パラメータに固定して測定するように注意する必要がある．

　試料が凸凹していて試料面が少し引っ込んでいると蛍光 X 線強度が弱くなる．こういう場合，装置によっては，X 線管のターゲット元素の特性 X 線の散乱強度をモニタしながら，X 線管の管電流を増減させて必要とされる強度を得るように自動調節する装置もある．管電圧は変えないので X 線管スペクトル分布は変化しない．測定パラメータをモニタできるメニューがある場合には，管電圧・管電流などを表示させると，管電流を自動的に増減させていることを知ることができる．

3.3 標準添加法と内標準法

　一般にどのような定量分析でも，未知試料に含まれるある元素 Z の濃度を分析したいとき，試料をそのまま分析したときの信号強度（蛍光 X 線強度）と，その未知試料に既知量の分析元素 Z を加えたときの蛍光 X 線の強度の増加量から，もともとあった元素 Z の定量分析を行なう方法がある．これを標準添加法という．添加した元素以外の元素の定量は，あらかじめ既知濃度の多元素試料を測定しておいて，その蛍光 X 線強度比から逆に換算して求める．

　また，試料に含まれていそうにない元素，たとえば Sc，Y，Ga などの元素を使う場合が多いが，既知量を加えて，全元素の蛍光 X 線スペクトルの強度比を測定し，その強度比から上と同じように既知濃度の多元素試料の強度比を使って定量分析する方法も使われる．これを内標準法と呼ぶ．全反射蛍光 X 線分析法では，内標準法は定量分析の標準的な手法である．濃度既知の Ga などを加える場合が多い．

3.4 希釈法

　マトリックス効果を低減させるよい方法は試料を希釈することである．軽元素粉末と混合しながら粉砕してもよい．パラフィン，でんぷん，ポリビニルアルコールと混合する場合もある．最も信頼性の高い希釈法は，Chapter 4 で説明するようなガラスビード法である．

3.5 多層薄膜の膜厚分析

　多層膜は人工的に合成するので，その組成と順序が未知であるということは少ない．全体の厚さが数 μm（たとえば無限厚さの基板の上に μm 厚さの多層膜が蒸着してある試料でもよい），層数が 7 層程度までなら，その多層膜の各層の膜厚を FP 法によって求めることが可能である．この際，元素の順序がわかっているので，各層の厚みをパラメータとして蛍光 X 線強度を計算し，実測スペクトルと一致させるように厚みを変化させるか，各元素のスペクトルピーク強度から厚みを計算してゆく．繰り返し計算して収束させる計算のほうが，ピーク強度から膜厚へ一方向的に計算するより精度はよくなるが，計算時間は長くなる．自分が用いている装置の計算プログラムがどちらの方式のものであるかをチェックしておくのがよい．初期値を要求する計算プログラムは，繰り返し計算によって収束させる方式である．計算自体には，モンテカルロ計算を用いる場合と，積分計算を用いる場合がある．

3.6 本章のまとめ

　定性・定量分析に関する詳細を，数式を使わないで説明した．市販されている蛍光 X 線分析装置には，それぞれのメーカーごとの定量プログラムが内蔵されている．ステンレス鋼，たとえば SUS 304 のように身近に入手できる試

料を，内蔵されている定量プログラムで分析してみて，どの程度信頼できる結果を得られるか，装置のテストとしての分析を行なってみるとよい．驚くほど正確な分析結果が10秒以内に得られるのを実感するはずである．ペンキを塗ったステンレス鋼，表面が凸凹したステンレス鋼，など自分で工夫して，蛍光X線装置の内蔵定量プログラムをテストしてみるとよい．

定性・定量分析で重要な事項をまとめると，以下のようになる．

- **マトリックス効果**：目的元素以外の周りの元素によって励起または吸収される効果．濃度とX線強度の関係が直線でなくなる．「マトリックス＝母体」
- **ファンダメンタル・パラメータ（FP）法**：基礎物理定数だけで定量分析する方法．分析の前に検量線を作成しておく必要はない．精度は検量線法に比べてやや悪いが，1回の測定で定量値が出るし，標準試料を準備する必要がないので，費用の点でも分析時間の点でも大幅に有利である．米国のシャーマンと日本の白岩・藤野によって開発された．
- **標準添加法**：分析元素と同じ元素の既知量を添加して，蛍光X線強度の増加量を測定することによって定量する方法．ほとんど使われない．
- **内標準法**：分析試料に入っていない稀少元素を少量添加して，その強度比から他元素の濃度を定量する方法．X線強度比をあらかじめ測定しておく必要がある．全反射蛍光X線分析でよく用いられる．

定量分析法に関して，たとえばファンダメンタル・パラメータ法のコンピュータ・プログラムを自分で開発したいなどの目的で，さらに詳しい説明が必要な場合は巻末の参考文献［3］を参照するとよい．

Chapter 4

試料調製

　粉末，液体，装置に入らないほど大きな試料など，さまざまな形態の試料をどのように測定すればよいかを述べる．通常は本章で述べる知識は必要ない．高精度な分析や高感度な分析など，専門的な分析が必要な場合に，必要な部分だけ参照すればよい．

4.1 はじめに

　Chapter 1 でも述べたが，蛍光 X 線分析法の特徴は試料前処理が不要という点である．蛍光 X 線分析を使った分析を行ないながら，それでもあえて前処理を推奨する分析法が専門の論文誌などで報告されている場合には，本来は蛍光 X 線分析法よりも，より適した分析法があるはずなので，別の分析法について検討してみるべきである．前処理を行なう目的は以下のように分類できる．

① 試料が大きすぎて蛍光 X 線分析装置の試料室に入らない．ハンディータイプの装置ではこの問題は発生しない．
② 試料が汚く，そのまま分析装置へ入れると装置が汚染される．ハンディータイプを用いるなら，試料とハンディー装置の間にプラスチック・シートなどの使い捨ての薄膜を入れて測定すれば，シートを介して装置を試料に密着できるので問題ない．装置がぬれたり，試料に汚染されたりする心配もなくなる．据置型装置では，試料ホルダーに入れる必要があるため，前処理が必要となる．
③ 試料が粉体の場合，真空装置に入れると飛散するので固化する必要がある場合．ハンディー装置なら②と同じように問題ない．
④ 水溶液の場合．使い捨て液体セルに入れるのがよい．
⑤ 高い分析精度を要求する場合．工業製品の規格の検定など．波長分散型蛍光 X 線装置を用いた高精度分析が必要で，粉体の場合には粒度のコントロール，金属の場合には研磨による平面の平滑化などの処理が必要である．管理された決まった手順の試料調製が必要．蛍光 X 線分析装置も，試料前処理から期待される分析精度に合致した高精度の分析装置（波長分散型）を使わなければ，試料前処理の効果は生かされない．

⑥ マトリックス効果の低減．ガラスビードなどによる希釈と試料の均一化が有効である．⑤と同様に，高い分析精度を要求する場合にのみ行なう．

⑦ 試料の予備濃縮によって定量下限以下の濃度の元素を分析する．原子吸光やICP-AES（原子発光）など他の方法を使ったほうがよい場合が多い．XRFかICPのどちらが適するか充分に検討する必要がある．予備濃縮・試料調製・前処理法は全反射蛍光X線分析，原子吸光，ICPに共通する場合が多い．

4.2 定性分析

　据置型・卓上型装置の場合，試料をX線分析装置専用の試料容器に入れられればよい．アルミ円板，銅円板等に真空用シリコーングリースや両面粘着テープで接着する．アルミや銅などの材質は，分析元素以外の元素でできた素材を選ぶ．蛍光X線分析装置の測定室はロータリーポンプで真空を保っている．揮発しやすい試料は液体セルに入れる．揮発成分をもつ試料を液体セルに入れるのは，同時に数十個入れた試料が試料室内でクロスコンタミネーションを起こすのを防ぐためである．装置内で気化した成分が他の試料に吸着することによってクロスコンタミネーションが生ずる．特に，塩素，イオウ，水銀を含む試料を測定する場合，気化・昇華に注意する．また，高出力X線管（kW級）を用いる場合には，X線管の熱により試料温度が50℃以上になるので注意する．

　液体は，マイラー膜窓の使い捨て専用試料容器があるので気泡が入らないように液体を注ぐ．液体を測定する場合は，試料の測定面が下面となっている構造の装置が適する．試料上面が測定面となる構造の装置では，液漏れや泡の混入による強度の低下に注意する．測定室を真空にするタイプより，試料室は大

気圧で，光路のみをヘリウムガス置換する装置がよい．マイラー膜試料セルを真空に入れると，窓が試料容器の外側に凸型に膨らみ，X線管に接触する可能性があるので注意する．大気圧に戻すと，逆にマイラー膜は試料容器側に凹む．

大気圧下で測定する場合，空気中に微量に含まれるArのピークが妨害するので注意する．

4.3 粉末試料の測定例

例1 試料ホルダーに適した直径（たとえば直径30 mm）のアルミ円板上に薄く真空用シリコーングリースを指で塗り，その上に粉末試料をふりかけ，上から薬包紙を介して指で押さえつけ，最後に金属板を裏側から指ではじいて付着の充分でない粉を振り落とす．

例2 粉末試料を赤外分光用錠剤成形器で油圧プレスし測定する．

例3 アルミリングや塩ビのリング（図4.1）を薬包紙の上に置き，粉末を入れ，その上から薬包紙を載せ，油圧プレスする．加圧成形で固まらないものは数％の固形パラフィンをナイフで削って乳鉢にいれ，よく擦って混合し，上と同じようにプレスする．乳鉢にアセトンを数滴たらすと，均一に混合する．

図4.1 アルミリング（右，中央）と粉末試料をアルミリングでプレスしたもの（保管用にチャック付プラスチック袋に入れてある．）

4.4 液体試料

例1 ろ紙に 10～100 μL をマイクロピペットで滴下し，自然乾燥もしくは通風乾燥させる．ろ紙に液滴を滴下すると液体が広がるので，細いスリットを空けたり，パラフィンが浸み込ませてある蛍光X線分析専用ろ紙が市販されている．赤外線で乾燥させるときには分析試料面の凸凹が大きくなる．点滴量を多くすると定量誤差が大きくなる．

例2 液体用試料容器に入れて測定する．

4.5 定量分析

定量分析を行なう場合の試料調製は定性分析よりも注意を要する．多数試料を定量分析する場合と，1試料だけ分析する場合とでは，均一性や再現性などの点や，要求される精度が異なる．繰り返し定量分析が必要な場合には，ディスクミル，自動ガラスビード装置などが必要である．

例1 金属：鋳造，グラインダまたはサンドペーパーによる研磨．あるいは旋盤による切削．

例2 粉体：ディスクミルによる粉砕後，リングに入れてプレスしブリケットとする．あるいは白金ルツボに試料とフラックスを入れて溶融しガラスビードにする．

4.6 ブリケット法

　定量分析では，蛍光X線強度の精度と再現性が最も重要である．定量分析の精度を相対値で 0.1% 以下にすることを目標にすれば，装置や試料調製のプロセスの精度を 0.05〜0.01% にする必要がある．試料の表面の平面性など機械的な寸法精度を規定するのはX線装置に入れたときの光路長や角度のばらつきを制限するためである．また寸法精度で表現しにくい場合は，試料調製のプロセスを文書化し同じ形状の試料となるようにする．試料自体の粒度・表面粗さ・均一性も標準試料と同じにする．

　鉱物試料を蛍光X線分析のために粉末プレスブリケットとして試料調製する場合の手順の例は以下のとおり．

① 分析対象を代表するサンプルを入手する．
② 粉砕し4メッシュのふるいを通す．
③ 強制送風型オーブンで110℃で乾燥させる．
④ 乾燥したサンプルを微粉砕し，100メッシュのふるいを通す．
⑤ アルミの秤量皿で 6.000 g ± 0.001 g を量りとる．
⑥ ディスク型振動ミルに移す．ブラシをつかって秤量したサンプルの全量を移す．
⑦ エチレングリコールをピペットで2滴加える（粉砕・混合の効果を高めるため）．
⑧ ディスク型振動ミルで4分間粉砕する．
⑨ ミルからブラシでサンプルをかきだし，植木鉢型（**図 4.2**）の直径30 mm アルミカップに移す．
⑩ スパチュラの平坦な端で粉末を押して平にする．

図 4.2 アルミカップの例

⑪ サンプルの入ったカップを清浄なダイスに移す．
⑫ ダイスのアセンブリーをプレス機に置く．
⑬ 200 psi（＝ポンド／インチ^2）の圧力をかけサンプルを所定の位置に固定する．
⑭ 真空ホースをつなぎ1分間真空に引く．
⑮ 圧力を 50000 psi まで上げ1分間そのまま保つ．
⑯ ゆるやかに圧力を下げる（およそ 1000 psi／秒）．
⑰ ダイスを逆さまにしてサンプルを取り出す．
⑱ サンプルをデシケータに保存する．

注意点

- 試料量が十分にある場合には，乳鉢やディスクミルは，あらかじめ「捨て試料」を粉砕しておく（「洗い」という）．
- 試料粉砕後ガラスを粉砕すると粉砕容器の掃除がしやすい．
- 加圧成形圧力を急激に上下させるとブリケットにひび割れを生ずる．
- 加圧成形最大圧力（15 t 以上なら X 線強度はほぼ一定）によって蛍光 X 線強度は変化する．
- 加圧成形の圧上昇・下降速度によっても蛍光 X 線強度は変化する．
- 粒径は 40 μm 以下（300 メッシュより細粒）にする．これより大きいと X 線強度が減少する．

4.7 ガラスビード法

　ガラスビード法は粉末試料の粒度，偏析，履歴の影響をなくし，多量のフラックス（融剤）によりマトリックス効果を低減させる効果がある．高温で揮発する成分がある場合は適さない．

　試料と融剤の比率は完全にガラス化する範囲であれば試料量が多いほど検出感度は高い．融剤量は少ないほど融解時間が短い．直径25 mmのガラスビードを得るためには10～15 gの融剤が必要．ガラスとの剥離をよくするため，5％金含有白金るつぼを用いる．白金ルツボ以外にグラファイト鋳型を使う方式もある．この場合，融剤は少なくできる．

　融解時間は3～8分程度がよい．時間が長くなると透明度が悪くなり割れやすくなる．

　ガラス状にはなってはいるが均一ではない場合，ペレットが壊れやすい．

　失透したり結晶になっている場合には，ガラスビードを粉砕し加圧成形しブリケットにする．

　融剤としては $Na_2B_4O_7$ や粒状の $Li_2B_4O_7$ が使いやすい．塩基性試料はホウ酸ナトリウムよりホウ酸リチウムのほうがよい．

　るつぼの底をビード測定面とする．測定面に気泡が残る場合，試料面が凸凹になり，分析誤差を生ずる．気泡量が多くなるとX線強度が低下する．

　気泡を除く方法として，

① 融解温度を下げる
② 融液の粘性を低下させる融解剤を添加する
③ 清澄剤を添加する

などの方法を用いる．③の清澄剤を用いる方法が最も効率的である．

清澄剤（酸化セリウム；CeO_2）を少量（試料および融解剤に対し0.8％）添加し，高温度で分解・蒸発によって発生するガスが融液内の気泡を吸収して浮上して除去したり，冷却中に融液中の酸素を吸収する効果を利用する．酸化セリウムのX線吸収係数は大きいので，添加によりX線強度が減少するため，精密に秤量する．CeO_2以外に Sb_2O_3，$Ba(NO_3)_2$，Na_2SO_4 等も使われる．

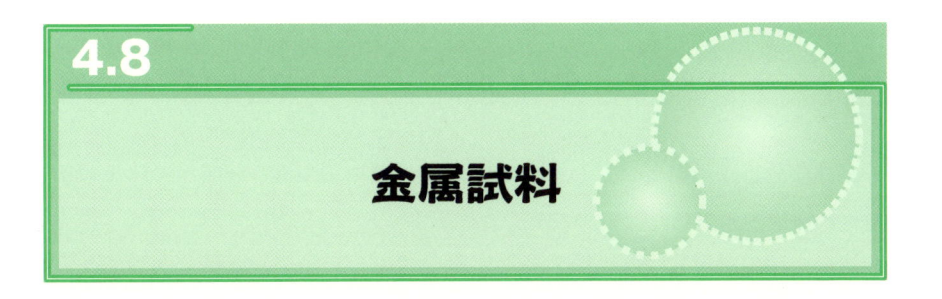

4.8 金属試料

金属試料は鋳型で固めたのち，加圧・研磨布仕上げ・旋盤仕上げなどによって平滑な測定面を得る．

鉛，銀を主成分とする試料はサンドペーパー（研磨布）を用いると，研磨布中の鉄，ケイ素が試料面を汚染するので加圧法を用いる．こうした金属は柔らかいので，研磨剤が食い込むが，機械的な力で圧力をかければ容易に平滑な面が得られる．

鉄鋼標準試料を研磨して検量線を作成する場合，大きなメッシュから細かいメッシュまで3〜4段階でサンドペーパーを順次変更して，各濃度の試料を同じ条件になるように，表面を研磨する．最終的な平滑度は，X線吸収長程度になるように決める．X線吸収長はX線吸収係数から計算する．途中のサンドペーパーを省略すると，その試料だけが検量線から大幅に外れるので，研磨の効果を知ることができる．

4.9 大気中粉じん，気体，河川水中の懸濁物

ハイボリューム・エアサンプラー（流速 1000 L／分）でガラス繊維フィルターに 24 時間吸引捕集し，円形に切り取り，そのまま蛍光 X 線分析を行なう．

気体の分析は蛍光 X 線では行なわないが，酸やアルカリに吸収できる場合は，水溶液の分析法と同様な方法で分析する．

河川水中の懸濁物は，ろ紙を測定する．0.1 μm 以下の粒子径ならば蛍光 X 線強度は変化しないが，5 μm 径では蛍光 X 線強度は 20～40% 減少する．フィルター材による X 線吸収の効果も無視できず，X 線強度が弱くなる．蛍光 X 線強度が弱くなる粒径は X 線吸収長に等しい．

フィルターを選ぶ際は，面積あたりの質量が小さいほうがよい．X 線の散乱によるバックグランドが減少し検出下限がよくなるためである．

4.10 予備濃縮法

超微量分析（たとえば河川水中の微量重金属分析）のためには予備濃縮等の前処理も必要となる．予備濃縮して蛍光 X 線分析したほうがよいか，原子吸光分析法や ICP-AES のほうが適するかは前もって十分に比較検討する必要がある．数十 μg/mL 以上の濃度の場合にはそのまま蛍光 X 線分析が可能であ

り，エネルギー分散では ng/mL でもそのまま分析可能である．

　限られた元素だけを濃縮分離したいのか，全元素を同じ条件で濃縮したいのか，目的を明確にする必要がある．有害元素だけを分析したい場合は前者にあたる．

　予備濃縮法を列挙すると，

① 赤外線ランプで加熱しながらろ紙上に溶液を滴下して蒸発させる．
② 沈澱させてフィルターでろ過する．
③ 活性炭に吸着させたあとにろ過し，活性炭を測定する．
④ イオン交換樹脂に吸着させたあとにろ過し，イオン交換樹脂を測定する．
⑤ 電析させる．

注意すべき点：沈澱剤により X 線強度が大きく変化するので注意する．イオウ，リン，塩素など質量吸収係数の大きな元素を含んだキレート試薬は避ける．

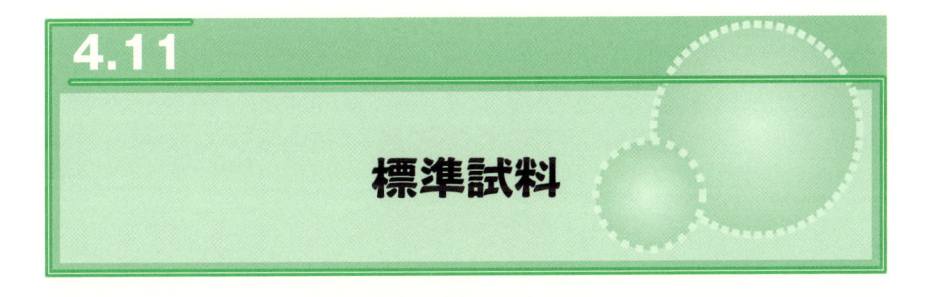

4.11 標準試料

　定量分析を行なうために標準試料の入手が重要である．一般に標準試料は高価（数十万円）なので，高い分析精度が必要ない場合には，ステンレス鋼やアルミ材を使えば充分な場合も多い．土壌標準試料を自作する場合は粒度や均一性に注意する必要があり，Hg の揮散による濃度変化にも注意する．市販の土壌標準試料はこれらに充分注意してある．原子吸光用 1000ppm 元素標準液を希釈して標準試料を調製する場合，長期間保存したものは容器壁に吸着して濃度が変化しているので注意する．

国内では国立環境研究所，産業技術総合研究所，民間の分析会社，日本分析化学会などから各種認証標準物質が市販されている．米国標準技術研究所（NIST, National Institute of Standards and Technology）の認証標準物質を使う場合も多い．

4.12 本章のまとめ

　蛍光X線分析では，試料調製は最初は考えずに，まずは実際に試料のX線スペクトルを測定してみることが第一である．なぜなら，蛍光X線分析では面倒な試料前処理や試料調製は必要ないからである．目的の微量成分の検出を主成分が妨害したりして，うまく定量できなかったり，測定中におかしなことが生じたときに，本章で述べた注意を参照してほしい．ハンディー型蛍光X線分析装置を用いた分析では基本的に本章の内容は不要である．

付録

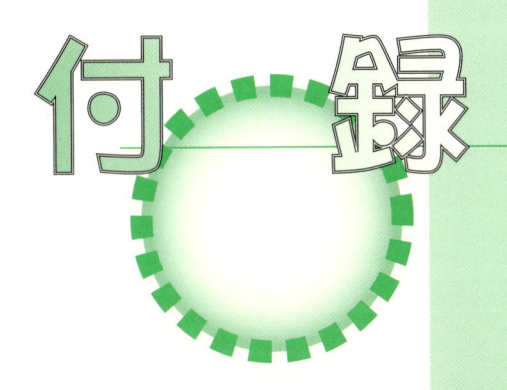

　Webから無料で入手できて，しかも信頼できるデータベースをできるだけ集めた．数表は思い切って桁数を少なくして，必要なスペクトル線だけに絞り，簡潔を旨とした．

付録 A 特性 X 線エネルギー [keV]

元素		Kα K–L$_{2,3}$	Kβ$_1$ K–M$_3$	Lα$_1$ L$_3$–M$_5$
4	Be	0.1		
5	B	0.2		
6	C	0.3		
7	N	0.4		
8	O	0.5		
9	F	0.7		
10	Ne	0.85		
11	Na	1.04		
12	Mg	1.25		
13	Al	1.49		
14	Si	1.74		
15	P	2.01		
16	S	2.31		
17	Cl	2.62		
18	Ar	2.96		
19	K	3.31	3.59	
20	Ca	3.69	4.01	0.3
21	Sc	4.09	4.46	0.4
22	Ti	4.51	4.93	0.45
23	V	4.95	5.43	0.5
24	Cr	5.41	5.95	0.56
25	Mn	5.90	6.49	0.64
26	Fe	6.40	7.06	0.7
27	Co	6.93	7.65	0.8
28	Ni	7.47	8.26	0.85
29	Cu	8.04	8.91	0.93

付 録

元素		$K\alpha$ $K-L_{2,3}$	$K\beta_1$ $K-M_3$	$L\alpha_1$ L_3-M_5	$L\beta_1$ L_2-M_4	$L\gamma_1$ L_2-N_4
30	Zn	8.63	9.57	1.01		
31	Ga	9.24	10.26	1.10		
32	Ge	9.87	10.98	1.19		
33	As	10.53	11.73	1.28		
34	Se	11.21	12.50	1.38		
35	Br	11.91	13.29	1.48	1.53	
36	Kr	12.63	14.11	1.59	1.64	
37	Rb	13.37	14.96	1.69	1.75	
38	Sr	14.14	15.84	1.81	1.87	
39	Y	14.93	16.74	1.92	2.00	
40	Zr	15.74	17.67	2.04	2.13	2.30
41	Nb	16.58	18.62	2.17	2.26	2.46
42	Mo	17.44	19.61	2.29	2.40	2.62
43	Tc	18.33	20.62	2.42	2.54	
44	Ru	19.23	21.66	2.56	2.68	2.97
45	Rh	20.17	22.73	2.70	2.84	3.14
46	Pd	21.12	23.82	2.84	2.99	3.33
47	Ag	22.10	24.94	2.98	3.15	3.52
48	Cd	23.11	26.10	3.13	3.32	3.72
49	In	24.14	27.28	3.29	3.49	3.92
50	Sn	25.19	28.49	3.44	3.66	4.13
51	Sb	26.27	29.73	3.60	3.84	4.35
52	Te	27.38	31.00	3.77	4.03	4.57
53	I	28.51	32.30	3.94	4.22	4.80
54	Xe	29.67	33.63	4.11		
55	Cs			4.29	4.62	5.28
56	Ba			4.47	4.83	5.53
57	La			4.65	5.04	5.79

元素		$K\alpha_1$ $K-L_3$	$K\beta_1$ $K-M_3$	$L\alpha_1$ L_3-M_5	$L\beta_1$ L_2-M_4	$L\gamma_1$ L_2-N_4	$M\alpha_1$ M_5-N_7
58	Ce			4.84	5.26	6.05	
59	Pr			5.03	5.49	6.32	
60	Nd			5.23	5.72	6.60	
61	Pm			5.43	5.96	6.89	
62	Sm			5.64	6.21	7.18	1.08
63	Eu			5.85	6.46	7.48	1.13
64	Gd			6.06	6.71	7.79	1.19
65	Tb			6.27	6.98	8.10	1.24
66	Dy			6.50	7.25	8.42	1.29
67	Ho			6.72	7.53	8.75	1.35
68	Er			6.95	7.81	9.09	1.41
69	Tm			7.18	8.10	9.43	1.46
70	Yb			7.42	8.40	9.78	1.52
71	Lu			7.66	8.71	10.14	1.58
72	Hf			7.90	9.02	10.52	1.64
73	Ta			8.15	9.34	10.90	1.71
74	W			8.40	9.67	11.29	1.78
75	Re			8.65	10.01	11.69	1.84
76	Os			8.91	10.36	12.10	1.91
77	Ir			9.18	10.71	12.51	1.98
78	Pt			9.44	11.07	12.94	2.05
79	Au			9.71	11.44	13.38	2.12
80	Hg			9.99	11.82	13.83	2.20
81	Tl			10.27	12.21	14.29	2.27
82	Pb			10.55	12.61	14.76	2.35
83	Bi			10.84	13.02	15.25	2.42
84	Po			11.13	13.45	15.74	
85	At			11.43	13.88	16.25	

元素		Kα₁ K−L₃	Kβ₁ K−M₃	Lα₁ L₃−M₅	Lβ₁ L₂−M₄	Lγ₁ L₂−N₄	Mα₁ M₅−N₇
86	Rn			11.73	14.32	16.77	
87	Fr			12.03	14.77	17.30	
88	Ra			12.34	15.24	17.85	
89	Ac			12.65	15.71	18.41	
90	Th			12.97	16.20	18.98	3.00
91	Pa			13.29	16.70	19.57	3.08
92	U			13.61	17.22	20.17	3.17
93	Np			13.95	17.75	20.78	3.26
94	Pu			14.28	18.29	21.42	3.35
95	Am			14.62	18.85	22.07	3.44

J. A. Bearden（1967）の表を 10 eV の桁で丸めて，30 keV 以下の特性線の代表的なものに限って記載した．JASIS（分析展／科学機器展）などのX線メーカーのブースでX線エネルギーの計算尺（**図A.1**）を配布していたが，最近は無料スマホ用アプリが便利（RaySpec X-ray Trans Energies, Moxtek X-RayTransition Energy App など）．

図 A.1 X線エネルギーの計算尺

付録B 略語一覧

　SEM をセムというように 1 つの単語のように読むことを acronym（アクロニム）といい，EPMA をイーピーエムエーというように呼ぶことを abbreviation（アブリビエーション）といって区別する．アクロニムには読み方をつけた．読み方のない略語はアブリビエーションでそのままアルファベットを読む．ただし SEM は日本ではセムと読むが，欧米ではエス・イー・エムと読む人のほうが多数派である．EDX と EDS，WDX と WDS は区別せず用いる．メーカーの製品名としてメーカーごとに EDX と EDS のどちらかを採用している場合が多い．

DSP：Digital signal processor，デジタル・シグナル・プロセッサ
EDS：Energy-dispersive X-ray Spectrometer，エネルギー分散型 X 線分光分析装置
EDX：同上
EPMA：Electron probe X-ray microanalyzer，電子プローブ X 線マイクロアナライザー
FP：Fundamental parameter，ファンダメンタル・パラメータ（法）
PIXE（ピクシー）：Particle-induced X-ray emission，荷電粒子励起 X 線発光
RI：Radio isotope，放射性同位元素
SDD：Silicon drift detector，シリコン・ドリフト検出器
SEM（セム）：Scanning Electron Microscope，走査型電子顕微鏡
SR：Synchrotron radiation，シンクロトロン放射光
SSD：Solid state detector，固体検出器
WDS：Wavelength-dispersive X-ray spectrometer，波長分散型 X 線分光分析装置
WDX：同上
XRF：X-ray fluorescence，蛍光 X 線

参考書

▶古典的なX線分析の教科書(絶版)
[1] 浅田栄一,貴家恕夫,大野勝美:『X線分析』共立出版 (1968).
[2] 大野勝美,川瀬 晃,中村利廣:『X線分析法』共立出版 (1987).

▶最新の詳しい蛍光X線分析の教科書
[3] 中井 泉編:『蛍光X線分析の実際』朝倉書店 (2005).

▶専門的な蛍光X線分析の教科書
[4] 合志陽一,佐藤公隆編:『エネルギー分散型X線分析—半導体検出器の使い方』日本分光学会測定法シリーズ18,学会出版センター (1989).
[5] 日本セラミックス協会原料部会分析化学分科会蛍光X線分析WG編著:『セラミックス材料の蛍光X線分析』日本セラミックス協会 (2004).

▶蛍光X線分析を簡単に扱っている教科書
[6] 河合 潤,二瓶好正:『新基礎生化学実験法3 抽出・精製・分析Ⅱ』pp.39-51, 丸善 (1988).
[7] 合志陽一:『化学計測学』pp.158-159, 昭晃堂 (1997).
[8] 日本化学会編:『実験化学講座20-1 分析化学(第5版)』pp.457-469, 丸善 (2007).
[9] 日本分析化学会編:『機器分析の事典』pp.41-45, 朝倉書店 (2005).
[10] 日本分光学会編:『X線・放射光の分光』講談社サイエンティフィク (2009).

▶X線計測に関する教科書
[11] 河田 燕:『放射線計測技術』東京大学出版会 (1978).

▶試料調製・前処理に関する文献
[12] 河合 潤,合志陽一:『各種分析手法におけるサンプリング・試料調製法と前処理技術』pp.210-224, 技術情報協会 (1993).
Chapter 4はこの本をもとに大幅に改訂したものである。
[13] 吉永 敦,合志陽一訳:『X線分析の進歩』15, 243 (1984).
予備濃縮に関して発表されたすべての論文について、単元素予備濃縮法の元素別の詳細な表を含むVan Griekenの総合報告を全訳したもの。

▶蛍光X線に関するデータ
[14] 日本分析化学会編:『改訂六版 分析化学便覧』p.736, 丸善 (2011)

▶ 蛍光 X 線の学術雑誌

[15] 日本分析化学会 X 線分析研究懇談会編：『X 線分析の進歩』アグネ技術センター．CD-ROM 版もあり．各論文の著者がセルフアーカイビングしている論文もあるので Web で検索するとよい．アグネ技術センターの web ページに全巻の目次が掲載されている．

▶ 無料の X 線ジャーナルサイト

[16] http://www.rigaku.co.jp/members/rj/1104_0965j/index.html など．
英語のジャーナルもあり．
http://www.rigaku.com/downloads/journal/online-contents.html

▶ X 線波長データ集

[17] J. A. Bearden: *Rev. Mod. Phys.*, **39**, 86 (1967).
[18] http://xray.uu.se/
[19] J. Kirz, D. T. Attwood, B. L. Henke, M. R. Howells, K. D. Kennedy, K.-J. Kim, J. B. Kortright, R. C. Perera, P. Pianetta, J. C. Riordan, J. H. Scofield, G. L. Stradling, A. C. Thompson, J. H. Underwood, D. Vaughan, G. P. Williams, H. Winick: *X-Ray Data Booklet*, PUB-490 Rev., Lawrence Berkeley Laboratory, University of California, Berkeley, CA (1986)：http://xdb.lbl.gov/xdb.pdf からダウンロード可能（X-Ray Data Booklet で検索すれば見つけやすい）．
[20] ASTM；E. W. White, G. G. Johnson, Jr.: *X-Ray Emission and Absorption Wavelengths and Two-Theta Tables*, 2nd Ed., ASTM Data Series DS 37 A, American Society for Testing and Materials, Philadelphia, PA (1970).
[21] Y. Cauchois の波長表の改訂版；"http://www.lcpmr.upmc.fr/" にアクセスして，Tables of x-ray wavelengths "http://www.lcpmr.upmc.fr/tables.php" をクリックする．名前と e-mail アドレスをインプットする必要あり．

▶ JIS 規格

[22] 蛍光 X 線分析法通則：JIS K 0119 (2008).
JIS 規格 [22]，ASTM [20]，Bearden [17] は波長の単位として Å ではなく「Å*」（Å の右肩に星印のついた波長単位）を使っているので注意する．特に JIS 規格解説では両者を混同している．詳細は分析化学便覧 [14] 参照．[Å*] × [keV] = 12.396，[Å] × [keV] = 12.3985.

参考書

　本書で用いた図版で，ほかの著者からの引用は許諾を得て図に出典を示した．出典のない図版は著者自身によるが，中でも図2.2左 進歩, **36**, 155（2005）；図2.3進歩, **41**, 195（2010）；図2.7進歩, **42**, 255（2011）；図2.10, 3.2進歩, **33**, 345（2002）；図2.12, 14, 15 進歩, **40**, 127（2009）；図2.13 XRS, **39**, 328（2010）；図2.17分析化学, **48**, 793（1999）の著者自身の論文の図を改変したものである（進歩は「X線分析の進歩」誌，XRSは「X-Ray Spectrometry」誌を意味する）．また表のデータは，表1.3, 4 ぶんせき（記念誌），150（2002）；表1.5『実験化学講座』20-1, 第5版（2007）；表1.6検査技術, 4月号, 1（2006）（すべて著者自身の執筆部）を基にした．付録Aの表は，さまざまなデータベースを基に著者自身が丸めたもので，$K\alpha$線のエネルギーは$K\alpha_1$と$K\alpha_2$の1：2の内分点である．

▶ **ハンドヘルド蛍光X線装置に特化した書籍**
遠山惠夫，河合潤：『ハンドヘルド蛍光X線分析の裏技』アグネ技術センター（2014）．（アマゾンでは取り扱っていないが書店で注文すれば入手可）．

索　引

【数字】

1次フィルター ……………………… *42*
2次ターゲット法 …………………… *44*
2次フィルター ……………………… *42*
2重線 ………………………………… *13*
3回の繰り返し測定 ………………… *28*
3重線 ………………………………… *13*
45°方向 ……………………………… *45*

【欧文】

abbreviation ………………………… *84*
acronym ……………………………… *84*
Ar ……………………………………… *70*
ASTM ………………………………… *86*
Ba(NO$_3$)$_2$ ………………………… *75*
Bearden ……………………………… *83*
Cd-Te 検出器 ………………………… *40*
CeO$_2$ ………………………………… *75*
cps …………………………………… *20*
DSP …………………………… *39, 40, 84*
EDS …………………………………… *35, 84*
EDX …………………………………… *35, 84*
EPMA ………………………………… *4, 54, 84*
EXEFS ………………………………… *52*
FP（法） ……………………………… *18, 61, 84*
ICP-AES ……………………………… *44*
JIS 規格 ……………………………… *86*
K 殻 …………………………………… *2*
Kβ'線 …………………………… *51*
Li$_2$B$_4$O$_7$ ………………………… *74*
L 殻 …………………………………… *3*
mL …………………………………… *16*
Na$_2$B$_4$O$_7$ ………………………… *74*
Na$_2$SO$_4$ …………………………… *75*
NIST ………………………………… *78*
PIXE ………………………………… *4, 84*
ppb …………………………………… *17*
ppm ………………………………… *14, 17*
PR ガス ……………………………… *38*
RI ……………………………………… *84*
RI-XRF ………………………………… *5*
sample ……………………………… *28*
Sb$_2$O$_3$ ……………………………… *75*
SDD …………………………………… *39, 84*
SEM …………………………………… *5, 84*
SEM-EDX ……………………………… *5*
Si-PIN ………………………………… *39*
specimen …………………………… *28*
spectrometer ……………………… *18*
spectrometry ……………………… *19*
spectroscopy ……………………… *19*
SR ……………………………………… *84*
SR-XRF ………………………………… *5*
SSD …………………………………… *39, 84*
TXRF ………………………………… *44*
WDS …………………………………… *34, 84*
WDX …………………………………… *34, 84*
Web ………………………………… *79, 86*
XRF …………………………………… *4, 84*
X 線吸収長 ………………………… *75, 76*
X 線吸収スペクトル ………………… *52*
X 線管の励起電圧 …………………… *49*
X 線スペクトル ……………………… *13*
X 線発光微細構造 …………………… *52*
X 線分析の進歩 ……………………… *52*
γ 線 ……………………………………… *5*

【あ】

アクロニム …………………………… *84*
アノード ……………………………… *12*
アブリビエーション ………………… *84*
洗い ………………………………… *73*
イオン化 ……………………………… *4*

88

イオン化確率 ………………………	*60*
イオン化断面積 ………………………	*25*
イオン交換樹脂 ………………………	*77*
インターネット ………………………	*55*
内殻空孔 ………………………………	*59*
液体セル ………………………………	*68*
エスケープピーク …………	*35, 38, 41*
エチレングリコール …………………	*72*
エネルギー …………………………	*8, 11*
エネルギー可変性 ……………………	*31*
エネルギーと強度 ……………………	*18*
エネルギー分散型 ……………………	*35*
エネルギー分散方式 ……………	*11, 36*
エレクトロン・ボルト ………………	*9*
エンドウインドウ ……………………	*32*
大雑把な経験則 ………………………	*49*
音楽用のデジタル・アンプ …………	*40*
オングストローム ……………………	*10*

【か】

加圧成形 ………………………………	*73*
ガイガー・カウンター ………………	*33*
回転対陰極 ……………………………	*31*
ガウス分布 ……………………………	*20*
化学環境 ………………………………	*51*
化学状態分析 …………………………	*51*
角運動量 ………………………………	*47*
活性炭 …………………………………	*77*
ガラス繊維フィルター ………………	*76*
ガラスビード ……………………	*69, 71*
ガラスビード法 …………………	*63, 74*
簡易定量 ………………………………	*23*
鑑識 ……………………………………	*31*
稀少元素 ………………………………	*65*
基礎物理定数 …………………………	*60*
キャリブレーション …………………	*21*
吸収効果 …………………………	*18, 60*
強制空冷型 X 線管 ……………………	*31*
強調効果 …………………………	*18, 61*
強度比 …………………………………	*47*

キレート試薬 …………………………	*77*
均一性 …………………………………	*72*
金属試料 ………………………………	*75*
近隣のスペクトル線 …………………	*47*
グラインダ ……………………………	*71*
クロスコンタミネーション …………	*69*
蛍光 ……………………………………	*4*
蛍光 X 線 ………………………………	*3*
蛍光 X 線分析専用ろ紙 ………………	*71*
蛍光 X 線放射確率 ……………………	*60*
計算尺 …………………………………	*83*
検索するキーワード …………………	*55*
原子吸光用標準濃度水溶液 …………	*22*
原子吸光分光分析 ……………………	*44*
検出効率 ………………………………	*39*
検体 ………………………………	*24, 27, 28*
懸濁物 …………………………………	*76*
検定 ……………………………………	*68*
研磨布 …………………………………	*75*
検量線 …………………………………	*14*
検量線法 ………………………………	*65*
高エネルギー …………………………	*31*
工業規格品 ……………………………	*31*
高強度 …………………………………	*31*
考古学分析 ……………………………	*31*
光子 ……………………………………	*8*
工程管理分析 …………………………	*37*
光電子増倍管 …………………………	*38*
光路長 …………………………………	*72*
固化 ……………………………………	*68*
国立環境研究所 ………………………	*78*
固形パラフィン ………………………	*70*
コンプトン散乱 …………	*15, 17, 33, 53, 54*
コンプトンピーク ……………………	*61*

【さ】

サイドウインドウ ……………………	*32*
サテライト ……………………………	*51*
サムピーク ………………………	*35, 41, 58*
酸化セリウム …………………………	*75*

産業技術総合研究所 …………… 78	精度 …………………………… 20
サンドペーパー …………… 71, 75	赤外線ランプ ………………… 77
サンプリング ……………… 28, 29	絶対定量分析 ………………… 61
試験片 ……………………… 27, 28	全体量 ………………………… 36
自己吸収 ……………………… 49	旋盤 …………………………… 75
自然空冷 X 線管 ……………… 31	全反射蛍光 X 線分析 ……… 31, 44
質量吸収係数 ………………… 77	相対誤差 ……………………… 20
自動ガラスビード装置 ……… 71	相対的な正確さ ……………… 26
シャーマン …………………… 65	相対的な精度 ………………… 26
周期表 ………………………… 7	ソーラー ……………………… 53
重量% ………………………… 15	ソーラースリット …………… 53
焦電結晶 ……………………… 33	【た】
焦電結晶 X 線源 …………… 31, 33	卓上型 ………………………… 31
消滅則 ………………………… 34	多元素同時 …………………… 37
白岩・藤野 …………………… 65	多層薄膜 ……………………… 64
試料 …………………………… 28	多層膜 ………………………… 64
試料形状 ……………………… 29	ダブレット …………………… 13
試料準備 ……………………… 30	タンタル酸リチウム ………… 32
試料組成 ……………………… 29	鋳造 …………………………… 71
試料調製 ………… 26, 30, 67, 69, 72, 78	調製 ……………………… 26, 30
試料表面平滑さ ……………… 29	超微量分析 …………………… 76
試料ホルダー ………………… 68	沈澱剤 ………………………… 77
試料前処理 …………………… 68	ディスクミル ………………… 71
試料密度 ……………………… 29	定性 …………………………… 59
シンクロトロン放射光 ……… 31	低濃度 ………………………… 36
シンチレーションカウンター … 35, 38	定量 …………………………… 59
振動数 ………………………… 8	定量濃度 ……………………… 26
水素原子型の原子 …………… 47	定量分析 ……………………… 57
捨て試料 ……………………… 73	データベース ………………… 79
スピン ………………………… 47	テール ………………………… 36
スペクトル ……………… 11, 13, 47	凸凹 …………………………… 62
スペクトル形状 ……………… 52	デジタル・オシロスコープ … 40
スペクトル線 ……………… 46, 58	デジタル・シグナル・プロセッサ … 39, 40
スペクトロメーター ………… 18	電荷パルス …………………… 36
スムージング ………………… 40	電気双極子遷移 ……………… 46
スリット ……………………… 49	電気素量 ……………………… 11
寸法精度 ……………………… 72	電子－正孔対 ………………… 35
正確さ ………………………… 20	電子線マイクロプローブ分析 … 4
正規分布 ……………………… 20	電析 …………………………… 77
清澄剤 ………………………… 75	

索引

電子レンジ ……………………………… 9
でんぷん ………………………………… 63
電離確率 ………………………………… 49
電離断面積 ……………………………… 59
同一検体 ………………………………… 28
特性X線 ……………………… 12, 32, 53, 80
特性線 …………………………………… 33
トムソン（Thomson） …………………… 54
トムソン散乱 …………………………… 53
トリプレット …………………………… 13
トレース・アナリシス ………………… 37

【な】

ナイトン ………………………………… 23
内標準法 …………………………… 63, 65
ナノメートル …………………………… 10
日本分析化学会 ………………………… 78
認証標準物質 …………………………… 78
熱雑音 …………………………………… 39
熱電子 …………………………………… 12
ノイズ除去 ……………………………… 40
濃度 ……………………………………… 14

【は】

バイアス電圧 …………………………… 39
ハイボリューム・エアサンプラー …… 76
パイルアップ ……………………… 41, 58
パイルアップ除去 ……………………… 40
パーセント（％） ……………………… 17
パターン ………………………………… 50
波長 ……………………………………… 9
波長分散型 ………………………… 34, 68
波長分散方式 …………………………… 36
発光X線 ………………………………… 4
波動 ……………………………………… 8
バラツキ ………………………………… 30
パラフィン ……………………………… 63
ハンディー型 …………………………… 31
ハンドヘルド ……………………… 23, 29
ピークのシフト ………………………… 52

非弾性散乱 ……………………………… 54
標準試料 ………………………………… 77
標準添加法 ………………………… 63, 65
標準偏差 ………………………………… 20
表面粗さ ………………………………… 72
比例計数管 ………………………… 35, 38
ファンダメンタル・パラメータ ……… 60
ファンダメンタル・パラメータ法 … 61, 65
フィラメント …………………………… 12
フィルター ………………………… 12, 42
封入型水冷X線管 ……………………… 31
副殻 ……………………………………… 6
物理定数 ………………………………… 60
プラスチック・シート ………………… 68
プラスチック標準試料 ………………… 24
プラズマ ………………………………… 32
フラックス ……………………………… 74
プランク定数 …………………………… 8
プリアンプ ……………………………… 39
ブリケット ……………………………… 71
ブリケット法 …………………………… 72
文化財 …………………………………… 31
分光学 …………………………………… 18
分光器 …………………………………… 18
分子軌道分裂 …………………………… 51
粉じん …………………………………… 76
分光計 …………………………………… 18
分光法 …………………………………… 19
米国標準技術研究所 …………………… 78
ヘリウムガス置換 ……………………… 70
ペルチェ素子 …………………………… 39
偏光光学系 ……………………………… 45
偏光性 …………………………………… 31
偏光度 …………………………………… 45
偏析 ……………………………………… 74
ホウ酸ナトリウム ……………………… 74
ホウ酸リチウム ………………………… 74
放射性同位元素 …………………… 5, 32
飽和 ……………………………………… 33
母体 ………………………………… 18, 65

ポリビニルアルコール ……………………… *63*

【ま】

マイクロ・アナリシス ……………… *37*
マイクロビーム ……………………… *31*
マイラー ……………………………… *23*
マイラー膜 …………………………… *69*
前処理法 ……………………………… *69*
膜厚分析 ……………………………… *64*
マトリックス効果 … *14, 18, 60, 63, 65, 74*
ミリリットル ………………………… *16*
無限に厚い試料 ……………………… *17*
無作為 ………………………………… *29*
面積 …………………………………… *14*

【や】

融解剤 ……………………………… *74, 75*
融剤 …………………………………… *74*
容器壁に吸着 ………………………… *77*
陽極 …………………………………… *12*
予備濃縮 …………………………… *69, 76*
弱い線の出現 ………………………… *52*

【ら】

ラマン散乱 …………………………… *53*
乱数 …………………………………… *29*
粒度 ……………………………… *68, 72, 74*
履歴 …………………………………… *74*
理論的 ………………………………… *47*
りん光 ………………………………… *4*
励起効果 ……………………………… *60*
レーザーX線源 ……………………… *31*
レーリー（Rayleigh） ……………… *54*
レーリー散乱 ………………………… *53*
連続X線 ……………………… *12, 32, 53*
ろ紙 …………………………………… *71*

［著者紹介］

河合　潤（かわい　じゅん）
1986年　東京大学大学院工学系研究科博士課程　中退
現　在　京都大学大学院工学研究科　教授・工学博士
専　門　工業分析化学
主　著　『熱・物質移動の基礎』丸善（2005）．
　　　　『量子分光化学』アグネ技術センター（2008）．

分析化学実技シリーズ
機器分析編 6
蛍光X線分析

Experts Series for Analytical Chemistry
Instrumentation Analysis : Vol.6
X-ray Fluorescence Analysis

2012年9月30日 初版1刷発行
2021年9月1日 初版3刷発行

検印廃止
NDC 425.6, 433.57
ISBN 978-4-320-04396-1

編　集　（公社）日本分析化学会　©2012
発行者　南條光章
発行所　共立出版株式会社
　　　　〒112-0006
　　　　東京都文京区小日向4丁目6番地19号
　　　　電話　(03) 3947-2511番（代表）
　　　　振替口座 00110-2-57035
　　　　URL www.kyoritsu-pub.co.jp

印　刷
製　本　藤原印刷

一般社団法人
自然科学書協会
会員

Printed in Japan

JCOPY ＜出版者著作権管理機構委託出版物＞
本書の無断複製は著作権法上での例外を除き禁じられています．複製される場合は，そのつど事前に，出版者著作権管理機構（TEL：03-5244-5088，FAX：03-5244-5089，e-mail：info@jcopy.or.jp）の許諾を得てください．

■化学・化学工業関連書

www.kyoritsu-pub.co.jp　**共立出版**

化学大辞典 全10巻	化学大辞典編集委員会編
大学生のための例題で学ぶ化学入門 第2版	大野公一他著
わかる理工系のための化学	今西誠之他編著
身近に学ぶ化学の世界	宮澤三雄編著
物質と材料の基本化学 教養の化学改題	伊澤康司他著
化学概論 物質の誕生から未来まで	岩岡道夫他著
プロセス速度 反応装置設計基礎論	菅原拓男他著
理工系のための化学実験 基礎化学からバイオ・機能材料まで	岩村秀他監修
理工系 基礎化学実験	岩岡道夫他著
基礎化学実験 実験操作法Web動画解説付 第2版増補	京都大学大学院人間・環境学研究科化学部会編
やさしい物理化学 自然を楽しむための12講	小池透著
物理化学の基礎	柴田茂雄著
物理化学 上・下 (生命薬学テキストS)	桐野豊他
相関電子と軌道自由度 (物理学最前線22)	石原純夫著
興味が湧き出る化学結合論 基礎から論理的に理解して楽しく学ぶ	久保田真理著
現代量子化学の基礎	中島威他著
工業熱力学の基礎と要点	中山顕他著
有機化学入門	船山信次著
基礎有機合成化学	妹尾学他著
資源天然物化学 改訂版	秋久俊博他編集
データのとり方とまとめ方 第2版	宗森信他訳
分析化学の基礎	佐竹正忠他著
陸水環境化学	藤永薫編集
走査透過電子顕微鏡の物理 (物理学最前線20)	田中信夫著
qNMRプライマリーガイド 基礎から実践まで	「qNMRプライマリーガイド」ワーキング・グループ著
コンパクトMRI	巨瀬勝美編著
基礎 高分子科学 改訂版	妹尾学監修
高分子化学 第5版	村橋俊介他編
高分子材料化学	小川俊夫著
プラスチックの表面処理と接着	小川俊夫著
水素機能材料の解析 水素の社会利用に向けて	折茂慎一他編著
バリア技術 基礎理論から合成・成形加工・分析評価まで	バリア研究会監修
コスメティックサイエンス 化粧品の世界を知る	宮澤三雄編著
基礎 化学工学	須藤雅夫編著
新編 化学工学	架谷昌信監修
化学プロセス計算 新訂版	浅野康一著
環境エネルギー	化学工学会編
エネルギー物質ハンドブック 第3版	(社)火薬学会編
現場技術者のための発破工学ハンドブック	(社)火薬学会発破専門部会編
塗料の流動と顔料分散	植木憲二監訳